智能制造（拆卸自动化）

[泰] 苏帕差·温薄恩雍 (Supachai Vongbunyong)　著
[澳] 陈卫华 (Wei Hua Chen)

周自强　译

机械工业出版社

First published in English under the title
Disassembly Automation：Automated Systems with Cognitive Abilities
by Supachai Vongbunyong and Wei Hua CHEN
Copyright © Springer International Publishing Switzerland，2015
This edition has been translated and published under licence from
Springer Nature Switzerland AG.

　　智能制造是目前制造业发展的热点领域。相对于一般的正向制造，废旧产品的拆卸过程更加复杂，有更多的不确定性因素需要应对。本书以废旧产品处理过程所需要解决的自动化拆卸问题为实例，详细分析和阐述了智能制造所涉及的相关技术问题，包括过程建模、自动化系统、机器视觉、认知机器人等，从一个侧面涵盖了智能制造的核心知识。第1章为引言，第2章为拆卸理论与方法，第3章为拆卸自动化，第4章为机器视觉，第5章为认知机器人，第6章为系统实施和项目研究，第7章是基于智能制造的拆卸自动化现状与未来发展方向。

　　本书可以作为本科生或研究生的参考书，也可供智能制造领域的相关技术人员参考。

　　北京市版权局著作权合同登记　图字：01-2018-5556 号

图书在版编目（CIP）数据

　　智能制造：拆卸自动化/（泰）苏帕差.温薄恩雍（Supachai Vongbu-nyong），（澳）陈卫华著；周自强译. —北京：机械工业出版社，2022.5
　　书名原文：Disassembly Automation：Automated Systems with Cognitive Abilities
　　ISBN 978-7-111-69717-6

　　Ⅰ.①智…　Ⅱ.①苏…　②陈…　③周…　Ⅲ.①智能制造系统-研究生-教材　Ⅳ.①TH166

　　中国版本图书馆 CIP 数据核字（2021）第 245117 号

机械工业出版社（北京市百万庄大街 22 号　邮政编码 100037）
策划编辑：余　皞　　　　　　责任编辑：余　皞　徐鲁融
责任校对：潘　蕊　张　薇　封面设计：张　静
责任印制：李　昂
北京捷迅佳彩印刷有限公司印刷
2022 年 2 月第 1 版第 1 次印刷
184mm×260mm · 9 印张 · 218 千字
标准书号：ISBN 978-7-111-69717-6
定价：59.00 元

电话服务　　　　　　　　　　网络服务
客服电话：010-88361066　　机　工　官　网：www.cmpbook.com
　　　　　010-88379833　　机　工　官　博：weibo.com/cmp1952
　　　　　010-68326294　　金　书　网：www.golden-book.com
封底无防伪标均为盗版　　　机工教育服务网：www.cmpedu.com

译者序

　　随着智能制造和绿色制造的不断成熟和发展，其在废旧物资回收处理相关行业的应用引起了广泛关注。同时，随着我国工业化水平的不断提升，各类退役的工业设备、机电产品也急需用新的理念和技术来进行处理。简单的低水平处理不仅浪费资源，还会引起新的污染。对这类废旧产品进行回收处理的关键环节是拆卸，进行合理高效的拆卸，再配合新的再利用技术手段，可以大幅度提升废旧产品的利用率，同时在社会上创造出新的就业岗位。

　　但是，我国在废旧产品处理领域起步较晚，可以用来参考的技术性书籍，尤其是结合最新科技理念的理论性书籍较少。为此，译者选取了 Supachai Vongbunyong 所著的 *Disassembly Automation* 进行翻译。该书虽然以拆卸技术为对象进行研究，但是融合了智能制造领域中的诸多新技术、新理念。事实上，由于拆卸过程所面对的复杂性和不确定性远超一般产品的正向制造，所以相关方法和技术在正向制造过程中同样具有很好的启发意义。因此该书对于从事正向制造的技术人员同样具有很高的参考价值。

　　本书的翻译得到了常熟理工学院特色学科建设经费的资助，同时也得到了江苏省机电产品循环利用技术重点建设实验室的大力支持。硕士研究生史志贺、曹娟、毛慧俊、包向男等人也为本书的翻译和校对做了大量的工作，在此表示感谢。

　　由于时间紧，本书的翻译难免存在一定的缺点，敬请业内的同仁批评指正。

译　者

前　言

　　随着世界人口的持续增长，人们的消费能力在不断增强，对新产品的需求急剧增加。因此，大量报废（End of Life，EOL）产品正在不断产生，并导致很多环境问题。对产品或其中的部分零件进行再利用、回收或再制造等靠报废处理是可取的。这些处理在环境和经济上都是有益的，可使废弃物得以减少，使有价值的组件和材料得以回收。

　　产品的拆卸是报废处理过程的主要步骤之一，主要涉及对产品中零部件或材料的分离和提取。拆卸不仅是报废处理的必要环节，也是维修和保养产品的所需工序。然而，由于工时长、难度大、成本高等原因，大多数拆卸处理在经济上是不可行的，因此，拆卸在工业化回收中通常是一个被忽略的选项。

　　以自动化操作代替人工劳动已经成功地提高了许多行业的成本效益，特别是制造业。因此，对拆卸过程实施自动化系统改造被认为是一种可行的解决方案。然而，拆卸过程涉及许多具有挑战性的困难，且其不能简单地被视为装配过程的反过程。这其中的很多困难都可以归因于三个主要方面：与报废产品状态相关的物理不确定性、同类产品的个体多样性以及工艺规划和操作的复杂性。因此，为克服这些困难，拆卸自动化系统需要被设计得足够灵活且足够稳定。

　　本书以认知机器人产品拆卸的研究案例为基础，通过描述新系统的开发过程，介绍了拆卸自动化系统的设计，同时介绍了产品拆卸的一般概念，并对现有的拆卸自动化系统进行了综述，各章的内容安排如下：

　　第1章描述了产品拆卸作为报废处理过程中关键步骤的重要性，并对当前拆卸领域的研究方向进行了综述。

　　第2章对拆卸过程的相关研究文献进行了综述。文献表明，在规划和操作层面上已经发展出了许多技术，它们通常用于以经济可行性为目的的拆卸过程优化，这些技术既可以用于手动拆卸，也可以用于自动拆卸。

　　第3章将拆卸系统作为达到拆卸目的而一起工作的多个操作模块的集合，并介绍这些模块的配置。此外，介绍了现有半自动拆卸系统和拆卸工具的研究进展，并对本书所依托的研究中使用的工作站和系统框架的设置进行了解释。

　　第4章介绍了拆卸系统中的感知部分，对现有研究中使用的硬件和软件的检测技术进行了介绍，并对本书所依托的研究中使用的视觉系统的具体实现进行了描述，其中包括基于普通特征的检测和深度相机的坐标映射检测。

　　第5章阐述了认知机器人的原理。认知机器人是一个智能规划者，它控制系统的行为以克服拆卸过程中的变化和不确定性因素，其受四种认知能力的影响，即推理、行为监控、学习和修正能力。

  第6章描述了从操作模块到一个完整拆卸系统的集成过程，所形成的软件系统将视觉系统、操作规划和认知机器人应用于专为拆卸 LCD 屏幕而设计的拆卸单元，同时也对系统的详细配置和案例产品的信息进行了介绍。

  第7章介绍了在拆卸自动化系统开发过程中，本书所依托的研究项目得到的结论，并对该系统的技术、经济可行性及未来的发展进行了介绍。

Supachai Vongbunyong

Wei Hua Chen

目　录

第 1 章

引 言

报废（End of Life，EOL）处理是产品生命周期的一个主要阶段，目的在于回收废旧产品的剩余价值。而拆卸是有效处理废旧产品的关键环节。本章将介绍报废处理中产品拆卸的一般思路和过程。并着重介绍当前这一领域的研究热点，特别是拆卸自动化技术。

1.1 报废产品处理

生命周期工程（Life Cycle Engineering，LCE）是一门工程学科，专注于设计产品的系统方法，考虑产品的整个生命周期，并将环境方面与产品开发中的经济、技术和社会因素相结合[1]。产品的生命周期包括材料、制造过程、使用和报废四个阶段，如图 1.1 所示。整个生命周期被称为"从摇篮到坟墓"的过程。在初始阶段，原材料由材料供应商生产，然后转移到制造过程进行生产。经过制造过程后，产品最终进入市场并为消费者使用。最后，产品在报废阶段被拆卸和回收。

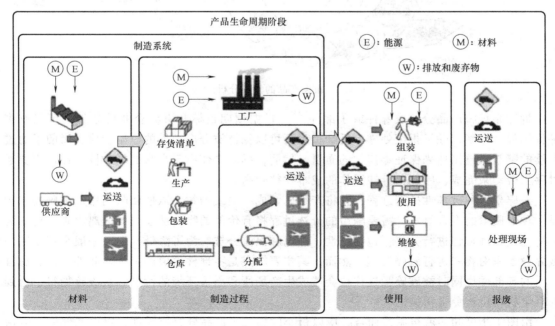

图 1.1 产品生命周期阶段[2]

报废产品如果以不合理的方式被处理，则可能导致严重的环境问题。由于报废产品往往含有一些有害物质，如电子废弃物，因此需要通过特殊的处理方式来报废。人们也可以尝试回收产品中剩余的价值，而且可以是多种形式的，如以能源、材料、部件甚至整个产品的形式进行回收。这些处理结果又可以被反馈到产品生命周期的其他阶段。这样不仅有利于环境保护，也可以创造新的经济效益。

本书着重于报废阶段的处理技术，根据实际使用阶段的具体工况，产品达到报废阶段的具体条件也是各不相同的。

在使用阶段结束之后，首先通过逆向物流对报废产品进行收集，再以适当的手段对其进行处理。在报废处理阶段，报废产品的价值回收一般可以通过以下三种方式来实现，即重用、再制造和回收。

由图 1.2 可见，报废产品如果处于良好的工作状态，是可以返回到用户方进行再利用的；如果无法直接再利用，就需要转运到再制造企业进行维修翻新。而那些无法再制造的报废产品，则可以进行材料回收。在实施这些处理方案之前，根据每个处理方案的要求，该报废产品必须分解成部件、组件、零件或材料。分解过程还包括拆卸、破碎和分选处理。

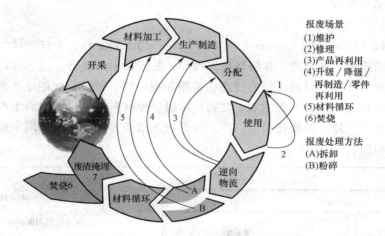

图 1.2　报废产品的情况分析[3]

拆卸系统将产品分解成部件或子部件[4]。根据预期目标和下游企业的条件，可以有多种拆卸处理方案。除了报废处理，拆卸过程还可以保持被分离部件的原始价值，以便于通过后续的翻新或再制造来保证零部件的质量。然而，拆卸操作由于自身的复杂性，往往需要通过手工劳动来完成，因此，拆卸操作的成本往往较高。

破碎是一种破坏性处理过程，它将产品分解成小块或颗粒，以便回收利用。破碎的产物是一种低质量的混合材料，需要随后的分选过程将有价值的物料从废料中分离出来。材料混合物通过物理特性进行分离，包括磁性、静电和涡流分选。为了降低成本，一般采用专用的破碎设备来对物料进行破碎处理，然而，其主要缺点是零部件价值的损失。此外，含有有害物质的零部件也同时被破碎，这往往会造成生产场所和周边环境的污染，从破碎物料中得到的再生材料也难免被污染[5]。

由图 1.2 可知，就再制造而言，应以最小的损失将产品分解成零件、组件或部件，以保持其功能。因此，再制造过程中产品和材料所包含的价值得到了再利用。相反，破碎回收只能回收材料的价值。更何况拆卸也会有利于获得用于回收利用的更纯的材料部分，并且可以精减分选过程。

总之，通过拆卸操作可以得到各种不同的报废零件的处理工艺，见表1.1。与粉碎处理相比，拆卸操作可以得到一个状态更好的结果，并更好地保留组件的原始价值。但是，拆卸操作成本往往会超出产品的回收价值，从而造成这种方法缺乏经济上的可行性。因此，经营者在工业实际中会极力避免这种情形的出现。为了探索拆卸过程在经济上的可行性，目前已进行了大量的研究。

表1.1　拆卸设备产出目标（改编自[5]）

处理结果	解体			报废处理的目的				
	不处理	拆卸	粉碎	翻新	再制造	再利用	循环	填埋/焚烧
未加工产品	•			•			•	•
模块或子组件		•		•	•		•	•
零件		•				•	•	•
损坏零件		•					•	•
废弃物			•					

1.2　产品的拆卸

随着全球待处理废旧产品数量的持续增长，报废处理也受到更多关注。在生命周期工程领域，大量的研究集中在材料回报率高、生命周期短和废弃物含量高的产品上，如报废电器及电子设备（Waste Electrical and Electronic Equipment，WEEE）[6]和报废汽车。在2005年，欧盟27国的报废电器及电子设备总量大约为830~910万吨，包括40%的大型家用电器、25%的小型家用电器。这个数字预计将每年增长2.5%~2.7%[7]。此外，报废电器及电子设备的数量占全球城市固体废弃物（Municipal Solid Waste，MSW）的8%。在2006年，欧洲的汽车保有量大约为2.3亿辆，同时每年要处理1050万吨的废旧汽车。根据欧盟2000/53/EC指南，至少80%的报废汽车物料（含零部件）必须得到再利用和修复，这其中的85%必须回收[9]。

研究者对报废产品拆卸过程的环境影响和经济性方面进行了大量的文献调查之后[10-12]，对拆卸处理方法与传统的废弃物处理方法（处理和填埋）进行比较[13]，得到的结论是：拆卸处理方法对环境有较大的益处，但是由于过高的直接成本和间接成本，其经济性还有待提高。这里的直接成本是指产品拆卸所包含的成本，涉及劳动力、拆卸工具、拆卸系统等的成本；而间接成本是拆卸过程以外的活动，如库存和物流等产生的成本。如果能够在成本和收益方面实现更优的拆卸策略，则拆卸处理过程就可以变得更具有经济可行性。

1.2.1　研究方向

本书的研究重点是开发一种经济可行的拆卸策略。通常依据Gupta和McLean[14]提供的研究方向，可将拆卸分为四个研究领域：面向拆卸的设计、拆卸工艺规划、拆卸系统的设计和实施、拆卸环境的操作规划问题。

1）面向拆卸的设计（Design for Disassembly，DFD）。通过设计拆卸方便的产品，来解决拆卸过程中的难点。这可以带来许多好处，例如减少拆卸所需的工具、快速简便的拆卸操作、简单的产品配置等，具体可参考 Boothroyd 和 Alting 的论著[15]。该研究领域的重点还包括拆卸嵌入式设计[16]和主动拆卸[17]。

2）拆卸工艺规划涉及规则、程序和软件工具的开发，用于制订拆卸策略和拆卸系统。最优拆卸序列规划的开发是该领域的一个核心问题。

3）拆卸系统的设计和实施是拆卸的管理层面。这包括用于建立拆卸设施和制订系统的经济和环境评估的方法，以及报废处理的物流网络。

4）拆卸环境的操作规划问题涉及运营层面。运营水平受物流网络的影响，也涉及资源利用、收集和调度等问题。

1.2.2　自动化拆卸

除了这些研究领域之外，自动化拆卸也可能是未来实现经济高效拆卸的关键环节。目前，拆卸操作通常由人工来完成，这导致运营成本高，特别是在发达国家。目前已有大量为实现自动化的尝试，然而，产品和工艺上的不一致性和不确定性限制了自动化拆卸，使其往往只能在特定实例中得到应用，即制造商只能对自己的产品进行再制造。如何开发一个具有柔性且功能强大的，甚至智能化的系统来克服这些困难，特别是作为与产品制造商分开的实体，这是一个具有挑战性的问题，也是本书希望探讨的问题。

自动拆卸系统一般被认为是使用人工智能（Artificial Intelligence，AI）来控制机械操作单元和传感器的机器人系统，也就是一般意义的智能制造系统。该系统通过在拆卸过程中感知相关信息并相应地调整操作来实现柔性。除了拆卸领域之外，这些系统的开发还涉及以下的一些工程学科，包括产品分析、拆卸工艺规划、机械和控制系统、视觉和传感器系统、智能规划。

本书旨在提供背景知识并根据这些学科进行案例研究，且对相关领域的研究现状、理论与实践的文献进行综述。

参 考 文 献

[1]　ONG S K, NEE A. Life Cycle Engineering [M]. Berlin：Springer, 2003.

[2]　KARA S, IBBOTSON S. Embodied energy of manufacturing supply chains [J]. CIRP Journal of Manufacturing Science and Technology, 2011, 4 (3)：317-323.

[3]　DUFLOU J R, SELIGER G, KARA S, et al. Efficiency and feasibility of product disassembly：A case-based study [J]. CIRP Annals of Manufacturing Technology, 2008, 57 (2)：583-600.

[4]　DOBBIE J, LIBBY K, PETERS A, et al. Cradle to Cradle Manufacturing [M]//Transitions：pathways towards sustainable urban development in Australia. Canberra：CSIRO Press, 2005：521-536.

[5]　LAMBERT A J D F, GUPTA S M. Disassembly Modeling for Assembly, Maintenance, Reuse, and Recycling [M]. Boca Raton：CRC Press, 2004.

[6]　PARLIAMENT E. Directive 2002/95/EC of the European Parliament and of the Council of 27 January 2003 on waste electrical and electronic equipment：WEEE [J]. Official J Eur Union, 2003.

[7]　BABU B R, PARANDE A K, BASHA C A. Electrical and electronic waste：a global environmental problem

[J]. Waste Manag Res, 2007, 25 (4): 307-318.

[8] VIGANÒ F, CONSONNI S, GROSSO M, et al. Material and energy recovery form Automotive Shredded Residues via sequential gasification and combustion [J]. Waste Manag, 2010, 30 (1): 145-153.

[9] CHEN, ZHANG K. Development of integrated design for disassembly and recycling in concurrent engineering [J]. Integrated Manufacturing Systems, 2001, 12 (1): 67-79.

[10] GUNGOR A, GUPTA S M. Issues in environmentally conscious manufacturing and product recovery: a survey [J]. Computers and Industrial Engineering, 1999, 36 (4): 811-853.

[11] LI W, ZHANG C, WANG H, et al. Design for disassembly analysis for environmentally conscious design and manufacturing [C]//ASME International Mechanical Engineering Congress and Exposition. New York: ASME, 1995: 969-976.

[12] EWERS H J, SCHATZ M, Fleischer G, et al. Disassembly factories: economic and environmental options [C]// IEEE International Symposium on Assembly and Task Planning. New York: IEEE, 2001.

[13] GUPTA M, MCLEAN C R. Disassembly of products [C]//The 19th international conference on computers and industrial and engineering. London: Computer and Industrial Engineering, 1996.

[14] ALTING L, BOOTHROLD, G. Design for assembly and disassembly [J]. CIRP Annals of Manufacturing Technology, 1992, 41 (2): 625-636.

[15] MASUI K, MIZUHARA K, ISHII K, et al. Development of products embedded disassembly process based on end-of-life strategies [C]// International Symposium on Environmentally Conscious Design and Inverse Manufacturing. New York: IEEE, 1999.

[16] CHIODO J D, BILLETT E H, Harrison D J. Active disassembly using shape memory polymers for the mobile phone industry [C]// IEEE International Symposium on Electronics and the Environment. New York: IEEE, 1999.

第 2 章

拆卸理论与方法

拆卸过程的经济可行性是限制其在工业实践中得以应用的主要问题。为了增加经济可行性，目前已有关于拆卸工序和作业规划的大量研究工作。本章介绍了拆卸过程的各个方面，包括产品表示、拆卸序列规划（Disassembly Sequence Planning，DSP）和拆卸技术。这些理论与方法不仅限于手工拆卸使用，而且还可用于自动拆卸。

2.1 拆卸工艺规划

由于拆卸过程的复杂性，拆卸处理通常在经济上是不可行的。根据面向拆卸的设计（DFD）原则[1,2]，产品设计应通过简化拆卸过程来解决此问题。然而实际上，目前很少有产品是根据 DFD 设计的，导致大多数产品的拆卸处理仍然很困难。因此，本书除 DFD 外，将着重于论述提高拆卸经济可行性的手段。

Duflou 等人[3]总结了影响拆卸过程经济性的主要因素。主要包括拆卸完整性和过程的自主程度。拆卸完整性或拆卸深度是拆卸工艺规划和拆卸工序规划中的重要问题，将在第 2.2 节进行详细说明。拆卸自动化程度可分为完全手动拆卸、半自动拆卸、全自动化拆卸等。

本节将对拆卸工艺规划进行概述和文献综述。

2.1.1 拆卸复杂性

首先我们不能将拆卸过程视为装配的反过程，这主要是由于不确定性的增加：拆卸过程涉及报废产品质量和数量方面不可预测的特征。这将会在以下的两方面导致拆卸过程比装配过程更加复杂。

1. 模型中的不确定性

Gungor 和 Gupta[4]总结了在相同模型下，报废产品中可以发现的物理不确定性，这些不确定性是由组件缺陷、使用过程中的升级或降级、拆卸操作过程中的损坏等造成的。

主要部件存在缺陷或连接部件的品质不良都可能导致拆卸操作中的复杂性和困难，甚至会引发危险。例如，电池中电解液的泄漏会腐蚀其他部件，紧固件的断裂会导致常见的拆卸工具无法使用等。

在使用阶段升级或降级的产品往往会导致产品和组件的配置发生变化，这种情况通常发生在包含可交换模块的设备中。例如，个人计算机的维修和升级、内存或显卡的升级都是在使用过程中很常见的。

回收来的废旧产品若是易碎材料，则可能在拆卸过程中损坏。当某些部件在拆卸过程中可能断裂时，拆卸过程就需要采用额外的步骤、装置或者改变拆卸工序。

2. 模型的相关变化

在同一产品系列内会有不同型号的产品。不同的模型包含产品特性的变化，包括材料、尺寸和内部结构。同样模型的产品也可以作为不同的品牌进行销售。最佳方式是，模型信息应该从产品设计数据库中，以形式化的产品规格说明或计算机辅助设计（CAD）模型的形式获得。然而，这类信息在报废产品被回收之后通常是无法获得的。因此，拆卸过程需要处理不完整的产品信息，而其中的一些信息会随着拆卸过程变化，从而产生不确定性。我们面临的挑战是开发一种足以应付这些不确定性的拆卸规划[5]。

3. 操作难度

Kroll 等人[6]定义了可拆卸性指标用于量化产品拆卸的难易程度。对一个产品评定可拆卸性指标，就是根据五大标准评估其拆卸操作难度，这五大标准是：组件的可访问性、定位元件的精度、执行任务所需的力、额外时间和不能被归类在其他领域的特殊问题。Mok 等人[7]总结了较好的产品拆卸过程应具有如下特性：①最小用力；②快速操作，没有过多的体力劳动；③简单的拆卸机制；④最少拆卸工具：理想的拆卸应该在没有工具的情况下进行；⑤部件相似性低：在每个拆卸状态下部件都应该易于识别；⑥紧固件易于识别；⑦简单的产品结构；⑧避免使用有毒物料。

Gupta 和 McLean[8]认为最佳拆卸规划的开发依赖于四个关键阶段：产品分析、装配关系分析、使用方式和效果分析、拆解策略规划。首先，必须对产品进行系统的分析和建模表达。拆卸过程的选择应根据产品结构关系来确定或用其来表达。拆卸过程可以分为工序和操作两个层次。拆卸的完整性是拆卸序列规划的一部分。

总之，报废产品回收中的不确定性和变化导致了拆卸过程中的不确定性，见表2.1。

表2.1 拆卸过程中的变化和不确定性

类别	具体问题	类别	具体问题
报废条件的不确定性	在使用阶段的产品修改	工艺设计和操作的复杂性	拆卸工序规划
	产品状况		拆卸操作规划（考虑到之前的动作）
	主要部件的状况		拆卸工艺参数
	连接部件的状况		检测技术的能力和限制
待拆卸产品的多样性	主要产品结构		机器人的传感器和执行器的精度
	部件的外观		
	部件的数量	外部因素	技术和设计变化
	部件的位置		市场驱动因素
	制造（质量）方面的变化		

2.1.2 产品结构的表示

产品的结构包括组件和连接[9]。组件是从产品分离后仍然保持其外部属性（即功能和材料特性）的元素。如果不使用破坏性拆卸方法，组件就不能进一步拆卸。连接是物理上连接两个组件以限制它们之间的运动的关系。拆卸任务就是解除这些关系，以便将相关组件分开。

1. 紧固件

紧固件是用来连接其他（主要）部件的零件或设计元件。与拆卸目标无关的紧固件可以与主要部件分开建模。Lambert 和 Gupta[9] 认为这样的紧固件为准组件，如可分离元件（螺钉、铆钉、电缆等）或主要的组成部分（卡扣）。建立连接关系的物料，如焊料和焊接接头，它们本身不构成一个组件，可以认为是虚拟组件。

2. 产品结构

产品的结构可以用多种方式表示，这里重点介绍连接图和拆卸矩阵。

（1）连接图　连接图用无向图以图形形式表示完整的产品结构。组件由节点和连接弧表示。根据描述细节的层次，图可以用三种不同的形式来表示：扩展形式、简化形式和最小形式，如图 2.1 所示。

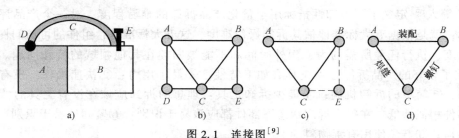

图 2.1　连接图[9]
a）产品装配结构　b）扩展形式　c）简化形式　d）最小形式

如图 2.1a 所示，该产品有三个主要组成部分，A、B 和 C，A 和 B 之间通过面配合关系连接，B 和 C 由被认为是准组件的螺钉 E 连接，A 和 C 是由一个虚拟的焊接点 D 连接的。如图 2.1b 所示的扩展形式表示了产品每个部件和紧固件的全部细节，包括虚拟连接在内的所有紧固件都在模型中被表示了出来。如图 2.1c 所示，简化形式通过隐藏虚拟组件和使用虚线来表示结构，在这种情况下，与虚拟组件相关联的连接，即 D-A 和 D-C 将被删除。作为结果，只有 A-C 保留了用来连接的焊缝。如图 2.1d 所示，最小形式通过隐藏虚拟组件和准组件，以最紧凑的方式显示产品的结构，这种形式是最简单的表示方法，能够使产品同时保持主要组成部分的信息。

（2）拆卸矩阵　产品结构可以用拆卸矩阵来表示，可以用计算方法，如线性规划（LP）或整数规划（IP）来解决拆卸规划问题。拆卸矩阵是一个 $N\times N$ 连通矩阵，其中 N 是组件的数量。矩阵的每个元素表示两个相应组件之间是否存在连接关系，如果存在连接，则为 "1"，如果不存在连接，则为 "0"。产品结构信息完全由矩阵的左下角表示，因为矩阵是对称的，对角线上的元素无效，不需表示。这样的矩阵是明确的，表示的最大连接数是 $N(N-1)/2$。图 2.1a 所示产品的拆卸矩阵为

	A	B	C	D	E
A					
B	1				
C	1	1			
D	1	0	1		
E	0	1	1	0	

2.1.3 拆卸过程表示

产品拆卸过程中的步骤和其中的相互关系可用多种方式示意性地表示。Lambert 和 Gupta[9] 在 2005 年将这些方法总结如下。

1. 拆卸优先图

拆卸优先图将拆卸过程的子任务通过优先关系连接和约束，面向组件的图和面向任务的图两种形式，如图 2.2 所示，箭头指示必须遵循的执行任务的顺序。其最初用于解决装配过程和装配线的平衡问题。Gungor 和 Gupta[10] 用这种方法表示简单的拆卸过程。然而，其主要缺点是不能用一个图来表示完整的拆卸序列[11]。

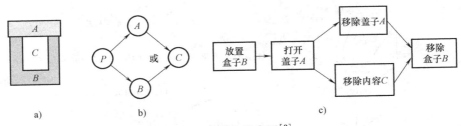

图 2.2 拆卸优先图[9]

a) 装配 b) 面向组件的图 c) 面向任务的图

2. 拆卸树

拆卸树用来表示拆卸序列的所有可能选择，并从按级别和操作类型排序的所有可能序列中派生。通常使用二叉树表示方法[12]。其主要缺点是复杂产品表示困难，另外，表示并行操作较为困难。如图 2.3 所示的圆珠笔，表示其拆卸过程的二叉树如图 2.4 所示。

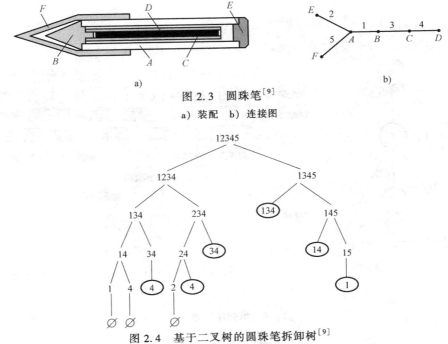

图 2.3 圆珠笔[9]

a) 装配 b) 连接图

图 2.4 基于二叉树的圆珠笔拆卸树[9]

3. 状态图

状态图将拆卸序列表示为一个无向图，其中的每个节点代表一个可拆卸的状态，可以用面向连接的图[13]和面向组件的图[14,15]两种方式表示，如图 2.5 所示。所有可能的连接组合都由节点表示，每条边代表一个连接的建立或解除。其主要优点是完整的产品拆卸顺序可以在一个图中表示出来，甚至复杂产品也可以用很紧凑的图来表示。然而，状态图无法解决如何在不影响相关连接组合的情况下单独完成某些连接的拆除。

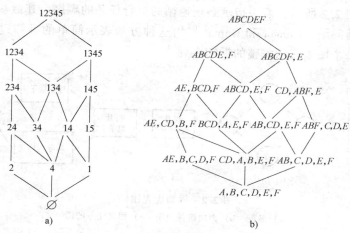

图 2.5　二叉树圆珠笔的状态图[9]

a）面向连接的图　b）面向组件的图

Kara 等人[16]使用面向连接的状态图模型建立了一种图形表示方法，即拆卸序列图，用于表示拆卸过程不同阶段的拆卸序列。这种关系图可以由优先关联关系自动生成，如图 2.6 所示。

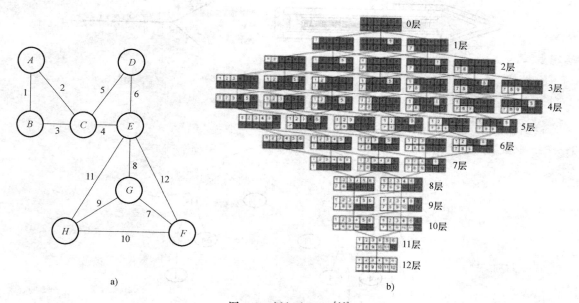

图 2.6　拆卸序列图[16]

a）连接图　b）拆卸序列图

4. 与或图（超图）

与或图是基于子装配的关系来表达拆卸序列的。每一个拆卸过程都是由从父组件指向子组件的多重弧来表示（超弧）的，如图 2.7 所示。这种方法克服了状态图的缺点，然而，其主要缺点是视觉表示上的复杂性，当组件的数量增加时，这种图可能会变得难以阅读和理解。Lambert[17] 提出了这种图的简化版本，称为精简与或图。在此基础上通过进一步发展，也为了使产品模型及其约束条件更准确，研究者们提出了一系列新的方法，包括超图[18]、树形图、Petri 网和混合图[19,20]。

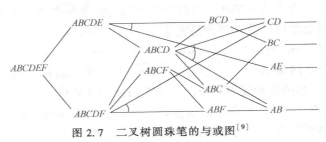

图 2.7　二叉树圆珠笔的与或图[9]

2.1.4　拆卸序列规划（DSP）

拆卸序列是指通过分离连接关系来拆开零件的拆卸操作过程，包括从初始状态到最终状态的所有操作，初始状态是指待拆解产品保持完整的状态，最终状态是指所有需要拆解的组件已经完全分离的状态。拆卸序列规划（DSP）的主要目的是在考虑成本效益、材料收益、部件回收和拆卸操作的时间等因素的情况下，寻找出最佳的拆卸序列。从理论上讲，拆卸操作可能的序列数目会根据产品组件数量的增加而成倍增加。因此，寻找拆卸问题的最优解被认为是一个 NP 完全优化问题[4]。

Lambert[5] 总结了如下一些基于面向产品拆卸方法的有效途径。

1. 数学规划（MP）方法

数学规划（MP）方法是在不考虑完全搜索空间的前提下，使内部变量收敛到最优值。问题模型是从超图（与或图）导出的。拆卸成本值被分配给分离子部件的每个动作中，并存储在一个转移矩阵中。最后的优化求解可以通过数学求解器有效地解决，例如使用线性规划（LP）、混合整数规划（MIP）或动态线性规划（DLP）。在动态分析的情况下也可以使用 Petri 网模型。

2. 启发式方法

Gungor 和 Gupta[21] 提出了一个启发式方法，该方法能求解接近最优的拆卸序列规划问题。近似最优解可认为是最优解的一种替代，适用于由于搜索空间的大小而很难找到最优解的一些情况。这种方法需要知道每个组件之间的优先关系，执行每个动作的复杂度，以及基于拆卸时间的效率评估。Lambert 和 Gupta 研究了基于启发式方法的不同算法，例如贪婪最优算法、A^* 算法等，并以手机的拆卸序列规划为例进行了验证[22]。

3. 人工智能（AI）方法

人工智能方法使用各种技术来生成和利用约束，并减少搜索空间的大小。Lambert[5] 总结了拆卸序列规划中典型的人工智能技术，包括模拟退火算法、遗传算法、模糊集、神经网络、多代理系统、贝叶斯网络等。其他可有效用于拆卸序列规划的新算法包括蚁群优化[23]、基于实例的推理[24]和基于规则的聚类图拆卸序列生成方法[25]。

4. 自适应规划

针对拆卸过程中遇到的不确定性和意外情况，自适应规划系统可生成一个拆卸操作序列。自适应规划方法从两个层次来处理这个问题，即过程或工艺层面的拆卸规划和操作层面的拆卸规划。

（1）工艺层面　在工艺层面的拆卸规划上，Tang[26]提出了可利用模糊 Petri 网进行拆卸过程的动态建模，并将产品状态和人为因素的不确定性考虑在内。系统对实际拆卸数据和反馈进行训练，根据以往的经验选择合适的拆卸方案。Turowski 等人[27]提出了一种平衡拆卸流水线的模糊着色 Petri 网的实现。Grochowski 和 Tang[28]提出了一种使用拆卸 Petri 网（DPN）和混合贝叶斯网络的学习方法。Veerakamolmal 和 Gupta[29]提出了基于实例推理（CBR）来生成多个产品的拆卸规划。新产品的拆卸规划是从现有的规划中基于一个基本案例推导出来的。Gao 等人[30]提出了可以根据每个状态下观察到的产品情况，利用模糊推理 Petri 网自适应地生成拆卸序列，再根据返回的估计值、有害物污染等级和拆卸成本做出决策的方法。

（2）操作层面　在操作层面的拆卸规划上，Salomonski 和 Zussman[31]提出可以使用 DPN 预测模型，根据机器人手臂的实时测量数据，自适应地生成拆卸过程规划。Lee 和 Bailey Van Kuren[32]提出一种根据视觉检测到的错误自动校正的方法来解决操作级别中的不确定性。此外，Martinez 等人[18]提出了一种动态序列生成方法，该方法可以在不可预知的情况下产生最佳的拆卸规划，例如无法去除受腐蚀的部件、无法更换螺钉等场合，其系统由多智能体系统（MAS）建模和控制。Elsayed 等人[33]根据所提供的物料清单（BOM）和实时检测的部件，利用遗传算法生成一个最优拆卸序列，其必须保存原始 BOM 中定义的关系。

总之，现有的自适应规划器可以处理在拆卸过程中存在的许多类型的不确定性。不确定性涉及偏离理想情况的组件条件的变化。自适应规划器处理这些不确定性是因为其能够根据所感知的信息适当地将现有知识调整成新的计划。机器学习技术被用来使系统根据过去的经验改进它的性能。然而，一般需要事先提供产品的结构，如物料清单和 CAD 模型。还没有任何研究提出一种计算实时产品结构中的不确定性的方法。此外，机器学习过程目前仅在规划层面上执行，因此，在操作层面上的学习，例如在优化过程参数阶段，应该得到进一步研究。

2.2　拆卸完整性

拆卸按其完整性可分为两种类型，即完全拆卸和不完全拆卸。完全拆卸是分离产品中每一个部件的过程，由于技术上的限制，特别是操作的复杂性和不确定性，以及劳动力成本高的原因，完全拆卸很少能完成。另一方面，不完全拆卸或选择性拆卸是分离所需的部件或组件，并在达到所需的拆卸深度时停止。更有策略性地选择拆卸目标，拆卸就会变得更具成本效益。采用选择性拆卸的原因包括回收模块或部件以用作备件、分离含有有害物质的模块或部件、提高粉碎废渣的质量和数量[17]。

图 2.8 所示为拆卸过程中利润最大化的情况。拆卸范围是指拆卸的完整性。拆卸成本是由操作时间确定，会随着需要拆解的连接的数量和类型不同而变化，也会随着拆卸所需完整性的增加而增长。在处理或回收所有产品的总收益超过拆卸成本时，拆卸在经济上就是可行的。最优策略是获得最大收益的点[34,35]。

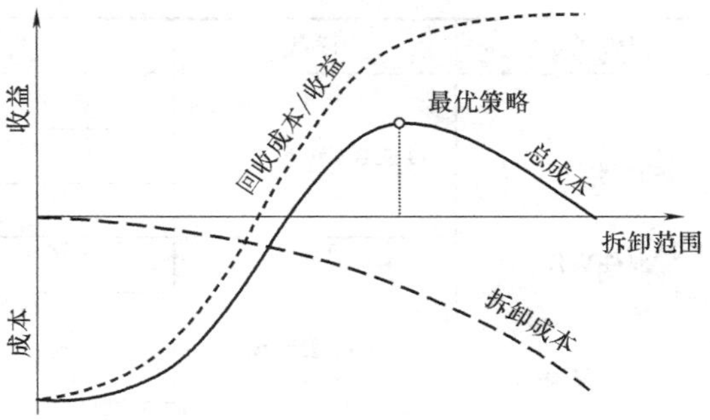

选择性拆卸的类型包括：

1）均质部件，即不能进行物理拆卸的部件。

图 2.8 最优拆卸策略测定[34]

2）复杂部件，即由若干均质部件组成的部件，其与紧固件连接在一起，只能用破坏性拆卸进行分离。

3）模块，即定义为可以执行自身所包含功能的组件集合。模块可以通过非破坏性或半破坏性操作进一步分解。但是，需要在拆卸过程中保持它们的初始状态和功能，以便整个模块能够得到再利用。

研究人员目前专注于开发一种方法，即如何在考虑拆卸完整性的情况下找到最佳拆卸序列的方法。Kara 等人[36]提出了开发最佳选择性拆卸序列的方法，与 Nevins 和 Whitney[37]提出的装配方法相反。拆卸序列是由产品规格生成的，即零件和部件列表、优先规则、产品表示模型和拆卸序列图。然后，根据连接关系分析剔除无效序列，就能够得到拆卸所需部件的最佳拆卸序列。Kara 等人开发了[16,38]对于在指定约束条件下的选择性拆卸，能够自动生成其最佳序列并实现可视化的软件。

2.3 拆卸操作

2.3.1 紧固件的类型

拆卸操作分为两个主要任务，即拆卸紧固件和拆卸主要部件。如果相关连接已定位并解除固定，则主部件是可拆卸的。Lambert 和 Gupta[9]在 2005 年将常见的机械和电子电气产品中的紧固件分为十三种类型。不同类型的紧固件需要不同的拆卸方法，并表示为不同程度的可逆性。紧固件类型及其拆卸方法见表 2.2。

表 2.2 紧固件类型及其拆卸方法

组件类型	特点	紧固件类型	拆卸方法
离散组件	不变形	绑带	剪切
		弹簧	变形（拉）
		螺钉、螺栓、螺母、垫圈	拧松、钻孔
	可逆变形	销、钉	拉
	不可逆变形	铆钉	撬开、钻
		粘结剂:胶水、密封圈	剥皮、撬出、破坏

（续）

组件类型	特点	紧固件类型	拆卸方法
部件零件	可逆连接（半可逆）	表面：装配	分离
		表面：压合	拉、撬出
		咬合	变形、撬出、拉
	不可逆连接	表面：压合	拉、撬出
		表面：铸模	打破
		接缝折叠	变形
		密封	剥皮、撬开、打破
虚拟组件	不可逆	异质焊接	剪切、断裂、熔化
		同质焊接	锯切、破坏

2.3.2 拆卸技术

从分离方法上看，拆卸操作可大致分为三种，即非破坏性拆卸、半破坏性拆卸和破坏性拆卸。

1. 非破坏性拆卸

所谓非破坏性拆卸，就是保持零部件不损坏的拆卸，这对于维护、再利用和再制造是十分理想的。产品内的所有紧固件必须是可拆卸的或半可拆卸的。可拆卸紧固件（如螺钉）的拆卸通常比半可拆卸紧固件（如卡扣配合）更容易。因为拆卸操作需要较高的适应性，特别是需要应对诸如锈蚀和部分损坏等情况，所以拆卸操作成本普遍较高。即使是专门设计开发了许多工具来实现非破坏性拆卸，例如目前已开发出来的拆卸螺钉[39]和卡扣配合[40]的工具，非破坏性方法在经济上通常来说还是不可行的[3]。

2. 半破坏性拆卸

半破坏性方法旨在通过断裂、折叠或切割等方法仅损毁连接部分，而使主要部件不受到太大的损坏。其提高了操作的效率，并且已被证明在许多情况下是经济上可行的。许多关于自动拆卸的研究工作使用半破坏性技术来克服产品状况和几何形状的不确定性，如在电动机拆卸过程中钻削掉螺钉[41]，以及使用切割轮切断螺钉[42]。

3. 破坏性拆卸

破坏性拆卸是对有阻碍部件的部分或完全破坏。组件或不可拆紧固件，如焊缝等，在使用如锤子、撬棍或磨床等破坏性工具拆卸时就会被破坏。这些操作具有快速、高效和内在灵活的特点。因此，破坏性拆卸在经济上是可行的，通常在行业实践中得到执行。破坏性拆卸的一个常见应用是打开覆盖部件以获得内部更有价值的部件，例如使用等离子体电弧切割来破坏家用电器的金属外壳[43]。

总而言之，半破坏性和破坏性拆卸可以采用能更有效地应对产品状况不确定性的技术，因而能够包容更多更经济可行的操作。相反，非破坏性拆卸具有较高的操作成本，但这在部件的维护或再利用中可能是不可避免的。

2.4 小结

拆卸可能是有效处理报废产品过程中的关键步骤，但是表 2.1 所列变化和不确定性等会导致拆卸操作成本很高，因此拆卸通常在经济上是不可行的。有三个重要的考虑因素，可以提高拆卸的经济可行性。

首先，拆卸规划可以以操作时间或成本为目标进行优化。有很多表示产品结构和拆卸过程的方法。得到拆卸序列的适当表示后，就可以通过各种优化策略找到拆卸操作的最佳或近似最佳顺序。在各种策略中，自适应规划是尤其有效的，因为它们能够对诸如产品损坏的微小不确定性做出反应，而产品结构或 CAD 模型等产品信息是规划之前所必需的。

其次，在拆卸完整性方面，选择性拆卸是只拆卸到一定深度，比完全拆卸更为可行。最佳拆卸深度应在规划阶段确定。

最后，拆卸操作的难度取决于所使用的紧固件类型，以及产品和紧固件的状况。不同的紧固件可以使用不同的工具和技术来拆卸。半破坏性和破坏性的拆卸操作通常是优选的，因为尽管存在不确定性，但是操作时间更短、更有效。

总之，拆卸过程中的主要困难源于较大的不确定性和变化。只要不是原始产品制造商进行拆卸，拆卸过程中的产品信息就是不完整的。即使预期的结果是已知的，不良的产品或紧固件也会导致实际拆卸过程需要偏离通常的规划。这导致手工拆卸将耗费更长的操作时间，也是阻碍工业应用中实现自动拆卸的主要因素。

参 考 文 献

[1]　BOOTHROYD G，ALTING L. Design for assembly and disassembly [J]. CIRP annals, 1992, 41 (2): 625-636.

[2]　CHIODO J. Design for disassembly guidelines [J]. Active Disassembly Research Ltd., Black Rock, Australia, accessed Jan, 2005, 19: 2017.

[3]　DUFLOU J R, SELIGER G, KARA S, et al. Efficiency and feasibility of product disassembly: A case-based study [J]. CIRP annals, 2008, 57 (2): 583-600.

[4]　GUNGOR A, GUPTA S M. Disassembly sequence planning for products with defective parts in product recovery [J]. Computers & Industrial Engineering, 1998, 35 (1-2): 161-164.

[5]　LAMBERT A J D. Disassembly sequencing: a survey [J]. International Journal of Production Research, 2003, 41 (16): 3721-3759.

[6]　KROLL E, BEARDSLEY B, PARULIAN A. A methodology to evaluate ease of disassembly for product recycling [J]. IIE transactions, 1996, 28 (10): 837-846.

[7]　MOK H S, KIM H J, MOON K S. Disassemblability of mechanical parts in automobile for recycling [J]. Computers & Industrial Engineering, 1997, 33 (3-4): 621-624.

[8]　GUPTA S M, MCLEAN C R. Disassembly of products [J]. Computers & Industrial Engineering, 1996, 31 (1-2): 225-228.

[9]　LAMBERT A J D, GUPTA S M. Disassembly Modeling For Assembly, Maintenance [J]. Reuse and Recycling, 2005.

[10]　GÜNGÖR A, GUPTA S M. Disassembly line in product recovery [J]. International Journal of Production Research, 2002, 40 (11): 2569-2589.

[11]　TUMKOR S, SENOL G. Disassembly precedence graph generation [C]//2007 IEEE International Symposium on Assembly and Manufacturing. New York: IEEE, 2007: 70-75.

[12]　BOURJAULT A. Contribution à une approche méthodologique de l'assemblage automatisé: élaboration au-

tomatique des séquences opératoires［J］. Thése d'Etat, Université de Franche-Comté, 1984, 4（7）: 545-550.

［13］ DE FAZIO T, WHITNEY D. Simplified generation of all mechanical assembly sequences［J］. IEEE Journal on Robotics and Automation, 1987, 3（6）: 640-658.

［14］ DE MELLO L S H, SANDERSON A C. AND/OR graph representation of assembly plans［J］. IEEE Transactions on robotics and automation, 1990, 6（2）: 188-199.

［15］ WOLTER J D. A combinatorial analysis of enumerative data structures for assembly planning［C］//1991 IEEE Internationl Conference on Robotics and Automation. New York: IEEE, 1991: 611-618.

［16］ KARA S, PORNPRASITPOL P, KAEBERNICK H. Selective disassembly sequencing: a methodology for the disassembly of end-of-life products［J］. CIRP annals, 2006, 55（1）: 37-40.

［17］ LAMBERT A J D. Linear programming in disassembly/clustering sequence generation［J］. Computers & Industrial Engineering, 1999, 36（4）: 723-738.

［18］ MARTINEZ M, PHAM V H, FAVREL J. Dynamic generation of disassembly sequences［C］//1997 IEEE 6th International Conference on Emerging Technologies and Factory Automation Proceedings, EFTA'97. New York: IEEE, 1997: 177-182.

［19］ ZUSSMAN E, ZHOU M C, CAUDILL R. Disassembly Petri net approach to modeling and planning disassembly processes of electronic products［C］//Proceedings of the 1998 IEEE International Symposium on Electronics and the Environment. ISEE-1998（Cat. No. 98CH36145）. New York: IEEE, 1998: 331-336.

［20］ YULING W, FANGYI L, JIANFENG L, et al. Hybrid graph disassembly model and sequence planning for product maintenance［J］. Hybrid graph disassembly model and sequence plonning for preduct maintenance, 2006, 515-519.

［21］ GUNGOR A, GUPTA S M. An evaluation methodology for disassembly processes［J］. Computers & Industrial Engineering, 1997, 33（1-2）: 329-332.

［22］ LAMBERT A J D, GUPTA S M. Methods for optimum and near optimum disassembly sequencing［J］. International Journal of Production Research, 2008, 46（11）: 2845-2865.

［23］ SHAN H, LI S, HUANG J, et al. Ant colony optimization algorithm-based disassembly sequence planning［C］//2007 International conference on mechatronics and automation. New York: IEEE, 2007: 867-872.

［24］ SHIH L H, CHANG Y S, LIN Y T. Intelligent evaluation approach for electronic product recycling via case-based reasoning［J］. Advanced Engineering Informatics, 2006, 20（2）: 137-145.

［25］ KAEBERNICK H, O'SHEA B, GREWAL S S. A method for sequencing the disassembly of products［J］. CIRP Annals, 2000, 49（1）: 13-16.

［26］ TANG Y. Learning-based disassembly process planner for uncertainty management［J］. IEEE Transactions on Systems, Man, and Cybernetics-Part A: Systems and Humans, 2008, 39（1）: 134-143.

［27］ TUROWSKI M, TANG Y, MORGAN M. Analysis of an adaptive fuzzy system for disassembly process planning［C］//Proceedings of the 2005 IEEE International Symposium on Electronics and the Environment, 2005. New York: IEEE, 2005: 249-254.

［28］ GROCHOWSKI D E, TANG Y. A machine learning approach for optimal disassembly planning［J］. International Journal of Computer Integrated Manufacturing, 2009, 22（4）: 374-383.

［29］ VEERAKAMOLMAL P, GUPTA S M. A case-based reasoning approach for automating disassembly process planning［J］. Journal of Intelligent Manufacturing, 2002, 13（1）: 47-60.

［30］ GAO M, ZHOU M C, TANG Y. Intelligent decision making in disassembly process based on fuzzy reasoning Petri nets［J］. IEEE Transactions on Systems, Man, and Cybernetics, Part B（Cybernetics）, 2004,

34（5）：2029-2034.

［31］ SALOMONSKI N, ZUSSMAN E. On-line predictive model for disassembly process planning adaptation ［J］. Robotics and Computer-Integrated Manufacturing, 1999, 15（3）：211-220.

［32］ Lee K-M, Balley-Van Kuren. MM（2000）Modeling and Supervisorg control of a disassembly automation workcell based on blocking topolog ［J］. IEEE Trans Robot Autom 16（1）：67-77.

［33］ ELSAYED A, KONGAR E, GUPTA S M, et al. A robotic-driven disassembly sequence generator for end-of-life electronic products ［J］. Journal of Intelligent & Robotic Systems, 2012, 68（1）：43-52.

［34］ FELDMANN K, TRAUTNER S, MEEDT O. Innovative disassembly strategies based on flexible partial destructive tools ［J］. Annual reviews in control, 1999, 23：159-164.

［35］ DESAI A, MITAL A. Evaluation of disassemblability to enable design for disassembly in mass production ［J］. International Journal of Industrial Ergonomics, 2003, 32（4）：265-281.

［36］ KARA S, PORNPRASITPOL P, KAEBERNICK H. A selective disassembly methodology for end-of-life products ［J］. Assembly Automation, 2005, 25（2）：124-134.

［37］ NEVINS J L, WHITNEY D E. Concurrent design of products and processes：a strategy for the next generation in manufacturing ［M］. New York：McGraw-Hill Companies, 1989.

［38］ PORNPRASITPOL P. Selective disassembly for re-use of industrial products ［D］. Sydney：University of New South Wales, 2006.

［39］ SELIGER G, KEIL T, REBAFKA U, et al. Flexible disassembly tools ［C］//Proceedings of the 2001 IEEE International Symposium on Electronics and the Environment. 2001 IEEE ISEE（Cat. No. 01CH37190）. New York：IEEE, 2001：30-35.

［40］ BRAUNSCHWEIG A. Automatic disassembly of snap-in joints in electromechanical devices ［C］//Proceedings of the 4th international congress mechanical engineering technologies. New York：ASME, 2004, 4：23-25.

［41］ KARLSSON B, JÄRRHED J O. Recycling of electrical motors by automatic disassembly ［J］. Measurement science and technology, 2000, 11（4）：350.

［42］ REAP J, BRAS B. Design for disassembly and the value of robotic semi-destructive disassembly ［C］//ASME 2002 International Design Engineering Technical Conferences and Computers and Information in Engineering Conference. American Society of Mechanical Engineers Digital Collection. New York：ASME, 2002：275-281.

［43］ UHLMANN E, SPUR G, ELBING F. Development of flexible automatic disassembly processes and cleaning technologies for the recycling of consumer goods ［C］//Proceedings of the 2001 IEEE International Symposium on Assembly and Task Planning（ISATP2001）. Assembly and Disassembly in the Twenty-first Century.（Cat. No. 01TH8560）. New York：IEEE, 2001：442-446.

第 3 章

拆卸自动化

拆卸是对报废产品进行有效处理的关键步骤之一，但由于其成本和收益不成比例，所以在工业实践中常常得不到重视。一般而言，拆卸操作还是通过手工劳动来完成的。目前来看，进行自动化辅助或完全代替人工的自动化拆卸可能是一种降低成本的选择，但仍然面临着诸多技术挑战。本章主要阐述拆卸自动化的工作原理，以及构成自动化拆卸系统所需的基本单元，还将介绍一些关于自动化拆卸系统和新型拆卸工具的研究情况。

3.1 引言

如今，自动化作业在现代制造业中起着重要的作用。带有反馈控制的自动化系统大约在一个世纪前被引入制造业[1,2]。自动化作业已经被广泛证明比人工作业更具成本效益，它的一个主要优点是能够以很高的精度和速度来完成重复性工作。此外，机器人可以代替人类完成一些危险任务，也可以在一些不适宜人类工作的环境下工作，如带有污染或辐射的工作环境[3]。实现高精度所需的熟练劳动者的成本，以及为满足人类健康和安全要求所需措施的成本往往都很高昂，特别是在发达国家。因此，自动化作业对制造过程的主要优点可以概括为成本效益、效率和准确性、使人员远离危险工作的能力三点。

不同的拆卸过程往往面临类似的问题，而缺乏经济可行性就是报废产品处理行业普遍忽视拆卸操作的主要动因[4]。报废产品处理的经济回报率普遍较低，很难在经济上证明手动拆卸的应用是合理的，这是因为该过程通常是劳动密集型的，因此其成本很高，并且拆卸过程中报废产品的变化和不确定性经常带来各种困难。此外，由于被拆卸物品的不同，该过程也可能面临一些危险。例如，拆卸电动车辆动力电池的过程中，化学成分和剩余电量可能会带来短路的风险[5]。而自动化作业在拆卸过程中有很大潜力来减少这些问题[6]，目前为在拆卸过程中实现自动化作业已有了许多尝试。然而，除了制造商对自己产品进行再制造之外，一些新技术仍处于研究阶段，尚未在工业层面上得到实施。这个问题不仅涉及技术问题，还涉及经济方面。Scharke[7]总结了自动化拆卸所要面临的挑战：①产品制造商和产品类型的多样化；②设计和产品结构的多样化；③已回收产品的批量不足；④使用后产品的性能状况不同；⑤标准部件的变化；⑥拆卸工具不足；⑦法律法规的不同；⑧市场需求和价格的变化。

由回收产品的差异导致的不确定因素，使得拆卸过程和拆卸装备难以设计，经济上也难以落实。产品状况的多样性可能是由组件更换、产品升级（降级）及使用阶段的损坏导致的。通常，可以根据足够的产品特征信息来规划最佳拆卸工艺。产品特征信息包括计算机辅助设计（CAD）模型、物料清单（BOM）或拆卸操作中的优先关系等。然而这些信息仅适用于报废产品处理阶段的很小一部分。

对于拆卸操作，由于人类在感知性、灵巧性和智能方面的优势，因此传统上的手工劳动相对于自动化作业具有明显的优势，人类也由于这些优势而能够与其周围环境进行灵活的互动。感知性是指人体感知过程信息的能力，灵巧性与执行物理操作的熟练程度有关，智能涉及根据产品信息来规划和控制拆卸过程的能力。与装配过程不同，产品特征信息在拆卸过程开始时通常是不准确或不完整的，而这些信息会在拆卸过程中逐渐显现出来[8]。只有先获得这些特征信息，拆卸自动化才能得以成功实施，而这种信息的获取可以借助于人工方式来实现。

在实践中，为了应对拆卸过程中可能遇到的变化，每个系统都被设计用于拆卸特定的产品类型或产品系列。因此，对拆卸工具的技术要求，例如与技术类型、产品尺寸和重量相关的参数可以限定在一定范围内。在报废产品批量足够大的情况下，专门设计的系统可以满足成本约束条件。但是，回收来的报废产品批量的大小往往是不可预测的，这也可能导致策略规划层面上的困难。此外，利润取决于回收和再利用部件的市场价值，这些价值根据市场需求和法规的变化而变化。因此，在开发自动化系统之前，应该对这些方面进行统筹规划。

总之，自动化作业有可能增加拆卸过程在经济方面的可行性，降低人工操作的成本和风险。但是，技术上的要求必须先得到满足，也就是系统需要具备足够的柔性，并且柔性足够大才能处理产品和工艺中的不确定性。由于系统所需的感知性、灵巧性和智能都很高，人员所起的作用仍然不可忽视，例如在监督、高层次规划或执行复杂的任务过程中所起的作用。

3.2 拆卸自动化原理

拆卸自动化系统是指能够完成拆卸过程的关键步骤（例如拆解和分离）的单个拆卸单元，或由许多（也可能更为专用的）单元组成的系统。由于模块化系统只需很少的硬件和软件修改工作量，就可以完成适应其他产品的灵活性变更，因此建议将拆卸系统作为模块化系统进行组合[9]，以满足经济和技术上的要求，而后也可以增加、删减或修改模块以适应不同产品。具有某些相似特征的产品，例如尺寸和连接方法，可以分为不同的拆卸系列来处理，如文献［10］所提出的方法那样。由于拆卸同一系列产品需要相同的操作，因此可以使用相同的拆卸工具。该方法也降低了拆卸系统所需模块的技术要求。关于模块化系统，基本模块单元[6]包括：①工业机器人或操作装置；②专为机器人和任务设计的拆卸工具；③夹紧装置；④供应产品的供料系统；⑤传输系统；⑥夹具系统；⑦零件和工具的存储系统；⑧手动拆卸站；⑨视觉系统；⑩传感器系统；⑪智能控制单元；⑫产品数据库。

上述组成要素可作为设计拆卸系统所需模块的技术指导。当然，并非所有要素都是必需的，应当根据具体情况进行调整。

如果不考虑工艺过程信息的人工输入，自动化拆卸系统可以分为三个子系统，即机械设计与控制、视觉系统和传感器、人工智能规划子系统。在本书的研究中，这些子系统是作为不同的操作模块来实现的。图3.1表示了操作模块之间的实现和连接关系。表3.1列出了操作模块预期要解决的不确定性和变化的具体问题。

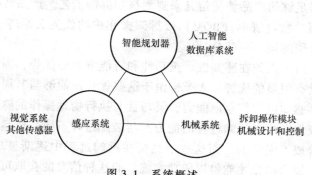

图 3.1 系统概述

表 3.1 操作模块预期要解决的不确定性和变化

主要不确定性	具体问题	相关操作模块		
		智能规划	视觉系统	拆卸操作单元
报废状态的不确定性	产品的改造	●		
	产品的报废状况	●		
	主要部件的报废状态	●		
	连接组件的报废状态	●		
供应产品的多样性	主要产品结构	●		
	部件的物理外观		●	
	组件数量	●	●	
	组件的位置		●	
	制造变化(质量)	●		●
流程和操作	拆卸序列规划	●		
	拆卸工艺规划(事前处理)	●		
	检测技术的能力	●		
	拆卸工艺参数	●	●	●
	机器人传感器与执行器精度	●	●	●
	拆装工具磨损	●		
外部因素	技术与设计变化	不适用		
	市场驱动因素			

1. 机械设计与控制

拆卸系统通过其机械单元与产品进行物理交互，系统的机械设计与控制侧重于这些单元的物理特性，包括机械设计、动力学和单元的运动学相关内容。运动控制器属于传感器和执行器层面上的子系统，如果需要对其中的组件进行底层开发，则应考虑动态控制系统或反馈控制的相关理论[11]。

用于拆卸自动化的单元由许多机械部件组成，其主要部分是用于操纵拆卸工具的机器人。根据要拆分的连接，可以使用各种拆卸工具。这些工具可以是传统的手动或电动工具，如螺钉旋具、钻头或磨头，也可以是专门设计用于拆分连接的新型拆卸工具，如卡扣分离器[12]。在解除连接之后，使用适合于部件的各种几何形状和尺寸的夹持装置来移除要分离的部件。如果机械手需要多个拆卸工具和（或）夹持器，则可能需要换刀装置。待拆解的产品需要用具有柔性的、可调节几何特征及尺寸的夹具来固定到系统装置上。其他机械支撑部件负责完成系统的物流，包括产品的传输、进料和存储，传输通常采用输送系统来完成，输送系统可以根据工作站的要求来配置。

2. 视觉系统和传感器

由于回收到的报废产品的不确定性和变化性，因此拆卸所需的产品特征信息往往在操作开始时是不完整的，只有在拆卸过程中才能显现出来，这就需要用传感器来检测与采集这些信息。通常采用相机或距离传感器等能够远距离感测场景的传感器系统来获取一些基本信息，例如产品或组件的位置坐标等。也可以采用其他传感器（如力和扭矩传感器）来获取有关具体任务的附加信息[6]。传感器所采集的信息可以在工艺层面和操作层面上来使用，以便用来调整拆卸过程中的步骤和参数。

3. 人工智能规划

人工智能子系统负责管理系统内的数据流，同时控制物理拆卸过程，使自动拆卸系统对传感器获取的信息和先验知识合理响应，这可以用一种智能代理（Intelligent Agent）的形式来实现。该过程需要根据代理中预定义或自动生成的拆卸序列规划（Disassembly Sequence Plan，DSP）和拆卸过程规划（Disassembly Process Plan，DPP）来进行。许多人工智能技术已经应用于自动拆卸系统，如遗传算法[13]、Petri 网模型[14]和认知机器人[15]。人工智能技术定义了控制物理系统的代理行为。

数据在各个层次上被提取，并被处理以减少规划程序的复杂性。智能代理通过监督其他操作模块来控制系统，以更好地决策和输出期望的操作行为，而这些操作模块用来处理优先级较低的具体问题。控制层是系统架构的关键方面，应在实现各子系统之前进行设计。控制级别划分的可行案例见表3.2。该系统由三个控制级别所组成，即高级、中级和低级。

表3.2　控制级别和操作模块的任务

控制级别	操作模块的任务		
	智能代理	视觉系统和传感器	机械系统
高级	序列规划	不适用	不适用
	工艺规划		
	任务规划		
	知识库		
	行为控制		
中级	信息流	对象定位	操作流程
		对象识别	路径规划
		信号解释	轨迹控制
低级	不适用	图像预处理	运动控制
		相机控制	转矩控制
		图像抓取	
		数据采集	
		信号处理	

在高级控制中，智能代理或规划程序在高级层面上对系统进行控制，智能代理生成拆卸序列规划和处理工艺。工艺规划是根据知识库和拆卸过程中检测到的相关信息来生成的一系列操作，还可以进一步分解成可由相应的操作模块来执行的子任务，从而使系统执行较为复杂的规划任务。

在中级控制中，智能代理控制系统中的信息流，该层面涉及操作过程的细节。代理程序分别在视觉和机械系统之间进行通信，其主要针对诸如组件的位置和期望的操作等相关信息。

视觉系统和传感器的任务是感知来自外部世界的数据，并解释这些数据，最后根据请求将相关的数据信息传输给智能代理。智能代理调用传感处理程序来对某个物体进行定位并感应施加在工具上的力。底层程序在获取相关数据信息后，可以使用硬件本身的计算能力来处理与力相关的预处理过的图像或电压信号。然后，中级算法会解释此数据以应答代理的请求。

机械系统的任务就是具体实施智能代理设定的行动。中级控制层的功能是根据智能代理的命令生成所需的工具轨迹，然后低级控制层会执行期望的运动或力-扭矩控制，包括影响末端执行器位置、速度和（或）外力的驱动器的控制等。

3.3 机械设计与控制

与装配自动化类似，拆卸自动化通过与要拆卸的产品及工作环境进行物理交互来执行操作过程。机械设计就是开发能够执行所需任务的工具和设备。与拆卸过程相关的工具可分为三种类型，即机械手、拆卸工具和辅助处理设备。

3.3.1 机械手

机械手（工业机器人）可以是机器臂或其他便于在拆卸过程中移动和（或）使用各种部件的装置（拆卸工具、产品和传感器）。由于机械手的灵活性，拆卸系统可以由执行不同功能或一起工作的单个或多个机械手组成。机械臂通常是一个独立的系统，包括一个足以在底层控制机械臂的控制器，实现对力矩或转矩的控制，以及路径生成和基本运动控制等。为了使机械手完成拆卸任务，在设计或选择机械臂时，需要考虑拆卸工具的工作空间、有效负载、精度和采购来源。

每个机器人（机械手）需要具有足够的自由度（Degrees of Freedom，DOF）来执行任务，一般根据所需完成的任务选用3~7个自由度的工业机器人。如水平关节（SCARA）、笛卡儿（Cartesian）和桁架式（Gantry）机器人等3~4自由度机器人，通常足以完成拾取和放置任务。如 Articulated（多关节型）和 Delta 机器人[3] 等4~6自由度机器人，通常用于更复杂的拆卸工具或物体的处理。6自由度机器人通常可以将待拆卸对象移动到机器人工作空间内的任意位置和方向。7个或更多自由度（DOF）的机器人可以用来改善可达性，或者消除运动中的奇异点的问题。

工作空间和有效载荷的要求可以根据拆卸工具的重量、预期的拆卸力及要拆卸的产品尺寸来确定。机器人的配置也应根据任务的要求进行选择，配置可以分为两大类，即串联机器人和并联机器人。

1. 串联机器人

串联机器人已经在工业中使用了数十年，其通过连接在一起的串联结构工作。串联机器人通常具有较大的工作空间和很高的灵活性，然而由于执行器（伺服电动机和减速器）的位置所限，其承载能力受到很大制约。常用的串联机器人有选择顺应性关节式（SCARA）、多关节式（Articulated）、桁架式（Gantry）和笛卡儿式（Cartesian）机器人手臂等，如图3.2所示。

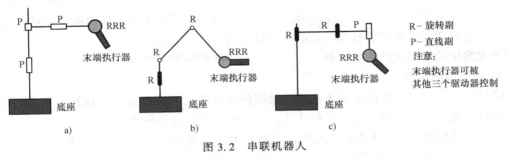

图3.2　串联机器人

a）笛卡儿机器人　b）关节机器人　c）SCARA机器人

2. 并联机器人

并联机器人近些年才被引入工业领域中，并显示出与串联机器人不同的特点。并联机器人与串联机器人的尺寸相似，重量和执行器数量也相当。并联机器人可以在非常有限的工作空间灵活运行，而且由于并联结构的高刚性，并联机器人可以高精度地处理相当大的有效载荷。常用的并联机器人有Stewart平台和Delta机器人等，如图3.3所示。

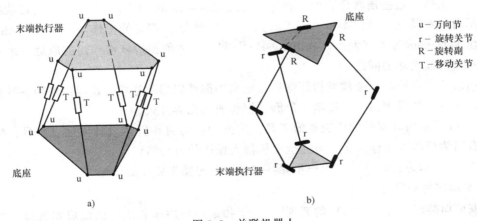

图3.3　并联机器人

a）Stewart平台　b）Delta机器人

3.3.2　拆卸工具

使用拆卸工具的目的是拆卸连接主要部件的紧固件，拆解开所有连接之后，才可以拆卸主要部件。拆卸时，可以根据紧固件的类型来选择拆卸工具（见表2.2中的总结）。需要注意的是，拆卸所需的工具组在手动拆卸和自动拆卸之间是有所不同的。

在手动拆卸过程中，操作人员凭借自身的灵活性，能够利用有限的简单手动工具或电动工具来分离各种紧固件[8]。由于人类高度发展的感官和对工具使用的理解，操作人员可以通过反馈机制很容易地学会工具的使用方法和控制方法，并尝试使用工具的基本功能去解决新问题，还可以根据过去的经验来调整操作方法以适应新的拆卸对象。这种简单工具的实例包括螺钉旋具、钳子、切割器、磨床、锯子和钻孔器等。

与手动拆卸相反，自动拆卸的灵活性十分有限，这主要是其中的传感和感知能力有限造成的。在合理配置传感和控制装置的情况下，简单的拆卸工具也能与自动拆卸装置结合使用，但是这在大多数情况下都是很困难的。因此，人们做了很多设计面向某种连接的专用自动拆卸装置的尝试，以克服自动拆卸的灵活性问题。采用本质上使用方法十分简单的工具，就能大大简化较低层次的控制问题。这些工具的一些创新例子如下。

1. 螺钉自动拆卸

螺钉在大多数产品中都是较为常见的紧固件，目前已有许多用于拆除螺钉的专用工具。具体而言，可以通过非破坏性、半破坏性和破坏性等不同的手段来拆除螺钉。

对于非破坏性方法，Apley 等人对旋出螺钉的操作进行了分析[16]。原型设备的配置很简单，就是将螺钉旋具连接到电动机上，并采用电位计来测量转矩。这样就可以连续地监测转矩信号，以判断旋出螺钉操作的状态：螺钉是否被拧出来、螺钉旋具是在螺钉头部滑动还是没有对准螺钉。再使用基于最小二乘法的算法程序，分析转矩信号并识别相应的状态。非破坏性操作的成功依赖于螺钉的定位、螺钉头类型的判断及施加在螺钉头上转矩的控制的准确性，上述这些变化量导致了自动化拆卸在技术上的难点。

由于其更高的可靠性，半破坏性方法对于自动拆卸更为可行。Seliger 等人[17]开发了一种能够旋转各种类型螺钉的自动工具，包括头部损坏的螺钉。该工具采用气动冲压单元，在螺钉头上冲出槽，这些槽就会成为能够传递转矩的新操作面。因此，不管螺钉的形状和类型如何，都可以对其进行旋松操作。该工具如图 3.4a 所示，相应的操作步骤如图 3.4b 所示。同样，由 Feldmann 等人开发的"Drilldriver"[18]利用类似的创造新操作面的原理，来克服螺钉头形状不同或损坏的问题。

采用破坏性方法时，会故意损坏螺钉头或周围部件以解除连接。这可以使用各种材料去除方法来实现，如采用凿子、铣削、研磨、锯切或钻孔等方式。

图 3.4a 所示为开发的两个版本的工具：左图为针对自动拆卸设计的螺钉旋具，供手动使用。右图为机器人操作工具，可完全由机器人操作的自动螺钉旋具。

图 3.4b 所示为自动旋松的操作步骤：定位、创建操作面和旋松螺钉。

2. 卡扣的自动移除

根据面向装配设计（DFA）的原则[20]，卡扣是一种用作紧固件的低成本选择。当在装配方向上施加压力时，内置在部件中的钩状元件发生弹性变形，并在部件处于正确位置时，才能卡入到位。通过这种方式，可以在不使用额外连接组件的情况下建立主要组件之间的连接，并简化装配过程。装配时不需要特殊工具，其工作空间也会更小[7]。

但是，卡扣在非破坏性拆卸中比较难以处理，为了非破坏性地拆卸由卡扣连接的部件，在不同的位置和不同的方向上可能需要多个力。设计用于拆卸卡扣的部件可能有一个按钮，用于释放相应的卡扣配件。如果不是这种情况，工具末端执行器必须很小且操作精度要很高。卡扣装置通常是隐藏式的，难以精确定位。可以通过拉动、撬动或部件变形来完成手动

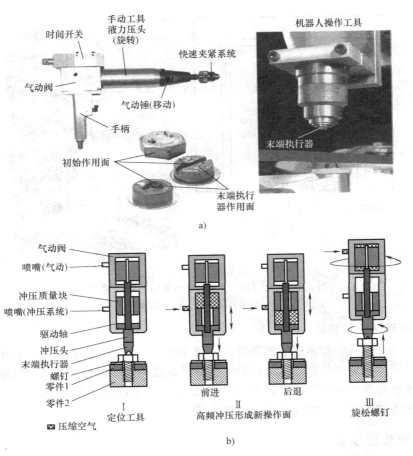

图 3.4　通过建立新操作面（开槽）来自动拆卸螺钉的工作过程

分离。但是，除非工人小心谨慎，否则这些方法都很容易损坏组件。所以，对这些难以分离的连接部件进行非破坏性的快速拆卸一般很难。

卡扣的自动无损拆卸目前只在特定情况下才可行。许多人提出将新设计元素结合在一起以便于拆卸[21]。将磁铁固定件安装在卡扣的柔性部分上，如图 3.5 所示，就可以从外部拉出卡扣。Braunschweig[22]利用这种原理，开发了一种自动工具。Schumacher 和 Jouaneh[12] 开发了一个用于拆卸卡扣盖的原型工具。他们针对的是电子产品的电池卡扣盖，其中的卡扣不可隐

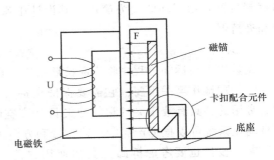

图 3.5　使用电磁触发器的自动卡扣拆卸装置[22]

藏，并且可以从俯视的角度由视觉系统定位，原型工具的运动由机器人控制。为了拆卸卡扣，原型工具推动卡扣的柔性部分，直到其完全偏转。施加的力由电阻式测力传感器（FSR）进行监测，如图 3.6 所示。

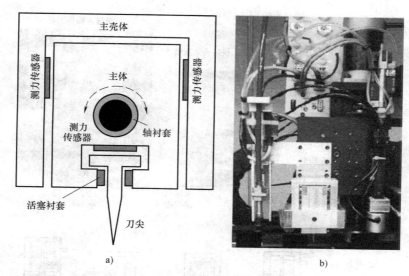

图 3.6　使用 FSR 刀尖的自动卡扣拆卸装置[12]

a）拆卸工具的草图　b）拆卸模块

3. 其他半破坏性和破坏性的方法

拆卸的目的是获得一些未损坏的零部件。破坏性和半破坏性方法提供了一种可靠、稳定且灵活的方法来分离紧固件所连接的材料，而通过非破坏性拆卸可获得更有价值的部件。基于自动半破坏性和破坏性拆卸操作的例子如拆卸 LCD 屏幕时使用带有研磨盘的角磨机[15]，及使用等离子切割方法来切割洗衣机的金属盖[23]。

3.3.3　辅助处理设备

辅助处理设备是指根据拆卸过程的步骤来控制零件和产品运动的夹具、夹持器和输送系统。输送系统用于将产品输送至完成重要拆卸操作步骤的拆卸装置，或从中取出。夹具和夹持器需要设计为不同类型来克服拆卸过程中的不确定性问题。输送系统（包括传送带和产品存储装置）由于功能较为简单，其设计工作相对比较容易。因此，本小节将重点介绍夹具和夹持器。

1. 夹具

夹具用于在拆卸过程中将产品按照指定的位置和方向进行定位。可靠的定位对于实现高精度的物理操作至关重要，它需要保证夹持对象在一定拆卸力的作用下不会发生松动和移位。常用的夹具有液压夹具和气动夹具（真空吸附）。如果可以对产品精确而可靠地定位，则自动化系统可以根据产品的精确位置和方向进行下一步的操作。

夹具设计也要考虑拆卸工具的使用方便，但是难点在于根据映射坐标计算位移，以及夹具在移动过程中会产生积累误差。移动夹具在许多系统中都有使用，例如允许机器人对产品背面进行操作的旋转工作台，如图 3.7a 所示。机械臂也可以用作夹具[24]，如图 3.7b 所示，可使夹持具有更高的自由度，但是夹持的产品的尺寸和重量会受到机械臂工作载荷的限制。

夹具应足够灵活，至少能够处理同一产品系列中的各种型号。夹具不应妨碍产品组件和

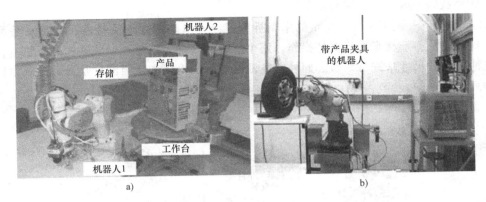

图 3.7 夹具[24,25]

a) 固定带有气动夹具的旋转工作台，用于固定产品（计算机机箱），有一个旋转自由度

b) 处理产品（车轮）的机械臂，更便于产品拆卸，具有 6 个自由度

紧固件的检测和移除。

2. 夹持器

在装配和拆卸过程中都会用到夹持器来夹持和操作所需处理的物体，目前人们已经开发了许多硬件和软件技术来应对形状的变化和操作中的不确定性。在硬件方面，针对特殊对象的形状和特征，设计了专用的夹持机构。在软件方面，从控制策略角度出发，人们更倾向于设计通用夹持器，例如借助视觉捕捉和其他传感器的双爪夹持器。如果仅仅关注拆卸过程，夹持器主要用在两个方面，即解除连接和移除已拆卸零件或部件。

为了解除连接，夹持器通常与分离动作相关联，以便将连接零件从其他部件上拆下来，例如对电缆线的分离操作[26]。对于由力-扭矩控制的指状夹具，力和扭矩的精确控制以及方向的控制对于避免损坏待拆零件是至关重要的。这方面的一个实例是从导轨槽中移除螺钉[25]，如图 3.8 所示。

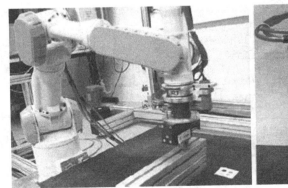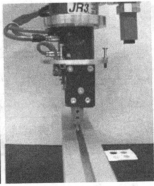

图 3.8 机器人从导轨槽中移除螺钉[25]

为了移除已拆卸的零件或部件，通常基于对象的几何形状来选择夹持器类型，人们在各种形状对象的夹持策略设计方面已进行了大量研究。方向控制对保证夹持的稳定性是至关重要的，也可以避免夹持器与其他部件的碰撞。带有力反馈的视觉检测可以确定物体的大小和

形状。该领域的一些工作进展介绍如下。

Schmitt 等[5]开发了图 3.9 所示的用于拆卸锂离子电池的柔性夹持器，其特点是可以根据电池单元的几何形状来进行夹持操作。两个平行的气动夹持器被安装到标准导轨上，可以根据电池单元的尺寸来进行调节。此外，电池触点上的电压和电阻测量是通过夹具钳口中的导电触点来实现的。

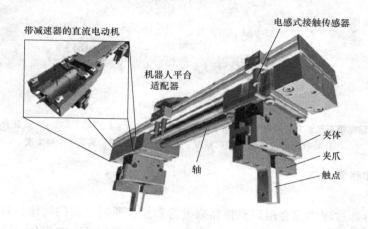

图 3.9　用于拆卸锂离子电池的柔性夹持器[5]

Seliger 等人[27]开发了一种带有"螺钉"末端执行器的拆卸工具，用于拆卸和移除产品的盖子，其特点是能克服产品的几何不确定性。操作步骤如图 3.10 所示。工具两侧的尖端插入物体表面并发生接触，同时将中间的"螺钉"钻入材料中，将其轴向固定。拆卸下产品盖后，"螺钉"沿相反方向转动，以使工具与产品盖分开。工具的连接强度应足以传递所需的力和扭矩以进行拆卸。

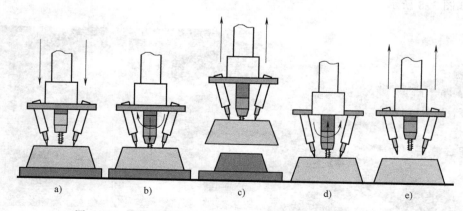

图 3.10　使用"螺钉"末端执行器进行灵活拆卸的夹持器[27]

a)、b) 螺钉钻孔过程　c)、d) 拆卸过程　e) 夹持器分离过程

在软件方面，Fernandez 等[28]开发了一种算法，该算法能够为多爪夹具选择适当的抓取点来抓握不同几何形状的物体。抓取点的确定需要考虑物体的重心，还要根据夹爪在物体上的定位计算摩擦力，如图 3.11 所示。该算法是从给定的训练样本中学习行为规则的。

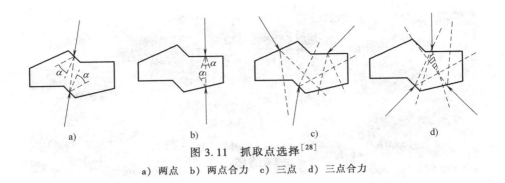

图 3.11　抓取点选择[28]

a）两点　b）两点合力　c）三点　d）三点合力

3.4　自动化程度

3.4.1　半自动拆卸

半自动或混合拆卸系统由自动工作站和手动工作站组成，并相互协作运行。自动工作站配有传感器，由配备拆卸工具的机械臂来操作。操作工人在手动工作站上工作并执行难以实现自动化的任务。输送系统用于在工作站之间运输待拆卸产品。主要工艺流程由程序自动控制或操作者手动控制，根据需要解决的问题将任务分发到各工作站。这种半自动拆卸系统一方面减少了工人在危险工况下的工作，例如重物提升或拆除危险部件，另一方面可以完成全自动拆卸系统无法完成的工作。

半自动拆卸方法具有稳定、效益高、柔性好的特点[29]。Franke 等人[30]指出混合拆卸过程在经济上是合理的。手动操作必不可少，因为自动化系统无法以非确定的拆卸顺序进行操作或对不同的产品状况做出反应，手动操作是自动操作的补充。关于混合拆卸系统的一些研究工作如下所述。

1. 用于拆卸多系列废旧产品的混合式系统

德国柏林科技大学机床和工厂管理研究所开发了一种可灵活拆卸多系列产品的混合式系统[29]。该研究的重点是具有自动生成拆卸序列能力的，由三个工业机器人和一条传送带组成的顺序控制系统，工业机器人负责重型拆卸任务，例如洗衣机侧壁的等离子切割。在流程开始之前，系统会根据产品信息和各种系统的可用性来评估整体任务的自治程度，然后把任务分配到手动工作站和自动工作站。

Kim 等人[31]对这种概念进行了扩展并开发出针对 LCD 屏幕的拆卸线，如图 3.12 所示。在手动工作站上，操作者会拆卸可能影响后续操作的显示器支架，然后 LCD 屏幕由机器人运送到自动工作站；对于自动工作站，如图 3.12 所示，SCARA 机器人使用双爪夹具拆卸组件，包括螺钉、后盖、金属盖、印刷电路板（PCB）和连接电缆。如果操作失败，则机器人会将产品转送到下一个手动工作站以便进一步拆卸。

2. 模块化概念的混合式系统

奥地利维也纳科技大学回收处理装备和机器人研究所（IHRT）开发了一种用于拆卸报废个人计算机的多单元系统[33]。该系统由两台工业机器人和一个手动工作站组成，由于各种连接问题，操作者需要手动拆卸电缆、盖子和一些有价值的部件。装有夹具和螺钉旋具的

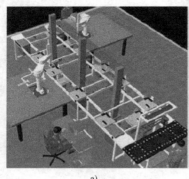

a)　　　　　　　　　　　　　　b)

图 3.12　LCD 屏幕拆卸混合系统[32]

a）虚拟系统测试　b）拆卸系统中的自动工作站

机器人能移除个人计算机中的其他部件，包括有害部件。操作过程由半自动程序控制，并提前确定操作步骤和工具。

　　Zebedin[34] 和 Knoth[6] 将模块化概念应用于半自动系统中，并设计了一个从 PCB 中提取嵌入元件的系统。操作模块（机器臂、零件供料机、固定装置、拆焊系统和质量控制系统）被分组为子系统，拆卸单元控制器用于监督每个子系统的通信并协调它们的任务，拆卸过程采用分级控制的方法，操作人员可以通过用户界面来控制和监控系统。

　　Kopacek[9,35-36] 描述的报废手机的拆卸系统也是一种模块化概念的混合式系统。其使用五个自动工作站和一个手动工作站，自动工作站执行盖板移除、铣削、钻孔和 PCB 移除的任务，而产品进料由操作人员手动完成。

3. 电气和电子产品拆卸工厂

　　德国柏林的机床和工厂管理研究所开发的两个拆卸系统可参见文献［19］。其中 Uhlman 提出了一种洗衣机拆卸系统[37]，该系统由两台固定的工业机器人、一台移动机器人和三个手动工作站组成，如图 3.13 和图 3.14 所示。出于安全考虑，自动和手动工作站位于分离的区域，产品通过输送系统在工作站之间进行传送，机器人执行金属盖的等离子切割任务并将产品传送给操作人员。当机器人发生故障或过程过于复杂时，则由操作人员来完成拆卸。

　　Kniebel 等人提出了一种拆卸报废手机的系统[38]。该系统由四自由度的 SCARA 机器人和手动工作站组成，操作人员取出电池后将产品放置于自动工作站。机器人配备有许多柔性化的工具，例如自动拆卸螺钉装置、真空夹具、柔性夹具等。该系统的柔性

图 3.13　洗衣机拆卸混合系统[19]

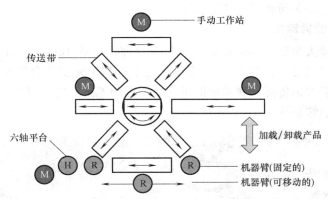

图 3.14　洗衣机拆卸混合模式系统的布局[39]

较好，可以处理各种型号的手机，并可通过视觉系统识别条形码来确定手机型号。

4. 其他系统

Wicndahl[39] 和 Scharke[7] 对其他有趣的研究进行了综述，并介绍了这些系统的布局。

在德国波鸿的清洁技术项目中，Schnauber[40] 开发了一种用于拆卸电动飞行器和高压清洗机的混合系统。该系统由两个手动工作站和一个带双线输送结构的自动工作站组成。机器人在固定位置松开螺钉后，第一位操作人员根据材料属性和产品好坏来拆卸、分离产品并对零件进行分类，而第二位操作人员检查和清洁零件。所有拆卸过程都是提前设定好的。

德国多特蒙德大学的弗劳恩霍夫研究所的 Jünemann 等人[41] 提出了一个由两个手动工作站和一个自动工作站组成的拆卸系统。产品通过闭环输送系统在工作站之间传输，机器人用于去除产品的外壳，例如微波炉壳体。操作人员负责将有价值的部件与产品分离。

德国布伦瑞克大学生产自动化和处理技术研究所的 Hesselbach[42] 和 Friedrich[43]，开发了一种将有价值元件和有害元件与 PCB 进行分离的系统。该系统由自动工作站和手动工作站组成，操作人员拆卸电缆和连接装置，然后将 PCB 运送到自动工作站。在自动工作站，SCARA 机器人使用单片机控制的夹具和拆焊工具来分离组件，激光扫描仪基于元件数据库识别 PCB 上的嵌入式组件，然后由控制系统生成用来发送给机器人的操作命令。

以色列海法大学制造系统和机器人技术中心的 Zussman[44] 开发了一个由两个自动工作站和一个手动工作站组成的拆卸系统。自动工作站由六自由度机器人和四自由度机器人操作，手动工作站用于处理复杂的拆卸任务。该系统采用了基于托盘的输送系统，并通过非接触式识别技术来识别托盘编号。

3.4.2　全自动拆卸系统

高自由度的全自动拆卸系统需要更好的传感器模块、已知的产品信息和高级任务规划能力。理想情况下，智能规划能够控制系统执行操作并解决过程中的所有不确定因素，从而消除了人为干预的需要。

然而，由于报废产品的变化和拆卸过程中的不确定性，使拆卸系统实现所需的灵活性和鲁棒性已成为一个巨大的挑战。由于人们不能保证所有的问题都能通过自动化作业来解决，所以可能会有少量的人为干预。但是，与半自动拆卸系统不同，全自动拆卸系统中的操作人员不直接对产品进行操作，而是监视和维护系统，并在规划层面上下达指令，而这往往被认为是一种人机协作。相关研究工作详述如下。

1. 基于多感知的拆卸协作单元

西班牙阿利坎特大学物理学院系统工程与信号理论系的 Torres[45] 开发出了迄今为止最先进的计算机拆卸单元之一，如图 3.15 所示。这个拆卸单元由两台工业机器人组成，这两台工业机器人配备有力矩传感器和选定的可互换的拆卸工具。这个项目的主要特点有协同作业、视觉系统和多感知系统。

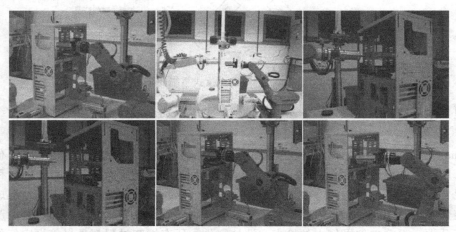

图 3.15　多感知协作机器人（正在进行个人计算机中 CD 驱动器的拆卸）[25]

系统中的两台机器人通过任务规划进行协同工作，该任务规划使用 Torres 等人[46] 提出的图模型自动生成路径和轨迹数据。视觉系统主要用来检测干涉和各种元器件[47]，包括螺钉和电缆等[25]。对于多感知系统，Gil[25] 将触觉传感器和视觉系统之间的信息进行了融合，以便机器人能执行基于视觉的控制，最后，系统通过一个从导轨槽中取出螺钉的试验测试了该系统的可行性，如图 3.8 所示。

该系统通过使用集成传感器系统解决了操作层的不确定性问题，但在更高的层次上，所有的拆卸序列规划都是基于所有装配关系的优先级来确定的[48]。因此，用户仍然需要提供该特定产品的结构信息。视觉系统的输入仅用于确定操作层的具体尺寸。

2. 报废计算机自动拆卸系统

美国布里奇波特大学的 ElSayed[13] 开发出了便于再利用和回收的报废计算机（PC）选择性拆卸系统。该系统由多关节工业机器人和摄像系统组成，并使用视觉系统和基于遗传算法（GA）的在线拆卸序列规划程序来处理产品结构中的不确定性。

视觉系统由 2D 摄像机和激光测距传感器组成，摄像机图像用于识别和确定组件位置，这种识别和定位通过将输入的图像与物料清单（BOM）中组件的 2D 模板相匹配来实现。但产品状态会在用户使用时发生变化，电气（电子）产品的 BOM 数据也会受到影响。例如随机存取存储器（RAM）和紧固件等 PC 主要组件的位置和数量可能因为升级、维修或个人偏好等发生改变，这些都导致了拆卸时产品结构的不确定性。

因为 BOM 数据包含所有预定义组件及它们之间的优先关系，所以可由在线拆卸序列规划程序解决不确定性问题。在任何阶段，系统监测到这些发生了变化的组件，都会统计其数量，并采用遗传算法根据数据为拆卸序列生成近似最优解。

该系统的关键特点是能够通过视觉系统感知当前情况并调整作业规划，其前提是需要精确提供产品结构的 BOM 数据和特定组件的图像模板。

3. 汽车拆卸自动化系统

德国帕德博恩大学的亨氏尼克斯多夫研究所的 Büker 等[24]开发了一种报废车辆的拆卸系统。该研究是德国教育和研究部（523-4001-01IN506B2）创立的 DEMON 项目的一部分。这项研究的重点是拆卸尺寸、螺钉数量和位置都不固定的车轮，该系统使用带立体相机并配备螺钉旋具的机器人进行拆卸如图 3.7b 所示。

有源立体相机用于重建产品的 3D 结构，通过主元件分析法（PCA）来识别由于使用条件不确定而难以识别的部分，例如生锈的组件，并使用基于机器学习的神经网络来解决复杂场景中物体相互遮挡的问题[49]。

4. 其他相关系统

奥地利维也纳科技大学自动化与控制研究所的 Merdan[50]提出了一种基于本体论架构的数码相机拆卸多代理系统（MAS）。机器人使用螺钉旋具和夹具拆卸产品，视觉系统检测组件并链接到知识库。本体论用于根据操作模块和控制级别来描述任务及其要求。拆卸规划是基于本体论描述的分层产品结构自动生成的，然后就可以获得具有优化工具路径的操作参数。

美国迈阿密大学制造和机械工程系的 Bailey-Van Kuren[51]提出了一种根据产品复杂表面实时生成刀具切削路径的策略。其搭建的系统由装备有切割工具、真空夹具和基于结构光的智能视觉系统的机器人组成[52]。

德国弗劳恩霍夫物流系统规划和信息系统应用中心的 Scholz-Reiter[14]与 Prielog Logistik GmbH[53]合作开发了一种拆卸系统，该系统可以在 5~7min 内将报废电视和显示器进行分拆。其由两台机器人完成操作，一台是六自由度机器人，配备了各种拆卸工具，用于破坏性和非破坏性拆卸；另一台是四自由度机器人，配备了不同的夹具，用于处理零件。视觉系统用于识别产品和组件状况的变化，根据感测到的信息和现有数据库生成灵活的拆卸规划。数据生成和自适应拆卸规划算法可参考 Scharke[7]的文章。

德国弗劳恩霍夫信息与数据处理研究所（IITB）的 Gengenbach 等人[54]提出了一种基于多代理的报废车辆拆卸系统。该系统由两台机器人组成，一台用于拆卸，另一台用于监控。拆卸机器人配有电动螺钉旋具和夹具，采用"手眼"标定算法的监控机器人由微型立体摄像系统控制。Tonko 和 Nagel[55]针对其视觉系统，开发了一种基于模型的非多面体汽车发动机跟踪算法。

德国斯图加特的弗劳恩霍夫生产和自动化研究所提出了两种拆卸系统方案，一种是由 Kahmeyer[56]提出的拆卸报废手机的系统。拆卸机器人配备柔性并联夹具、真空夹具、用于拆卸卡扣的工具和钻头等。该系统能够执行底层指令和控制任务，经过手动修改能适应不同的手机拆卸任务。另一种是 Rupprecht[57]提出的拆卸汽车车顶和车窗的系统，其中视觉系统用于确定组件位置，组件由配备特殊拆卸工具的两台机器人进行拆卸。

德国埃尔朗根-纽伦堡大学制造自动化与生产系的 Feldmann 和 Scheller[58]开发出一种用于通过柔性互连的拆卸单元分离 PCB 上的嵌入式组件的系统。该系统使用激光扫描仪来识别嵌入式元件，对有价值的部件采用非破坏性拆卸，而对危险部件则采用切割技术拆卸。

3.5 系统案例

作者团队（澳大利亚新南威尔士大学机械工程学院）[15]开发了一种低成本的自动拆卸系统。其中使用 LCD 屏幕作为测试部件，根据操作模块等级选用半破坏性方法，将认知机器人学原理用于解决产品和工艺中的不确定性，无论产品结构和几何形状发生怎样的变化，该系统都可以灵活地拆卸各种型号的产品。此外，该系统能够通过自我学习的方式提高拆卸效率。

该系统由具有认知功能的智能计算机构成的认知机器人（CRA）控制，CRA 是认知机器人模块（CRM）的一部分，CRM 还包括存储学习信息的知识库（KB）；视觉系统模块（VSM）用于检测组件及评价拆卸操作是否已经完成，其通过彩色摄像机和深度传感器获取和处理图像；机械部件及其底层控制通称为拆卸操作单元模块（DOM）。该系统采用配有角磨机的六自由度机器人进行半破坏性拆卸，同时为了降低更换工具操作的复杂性，设计了一种易于夹装及执行部件分离的翻转台。

按操作模块和控制层次划分的系统架构如图 3.16 所示，拆卸液晶显示屏的工作台如图 3.17 所示。这里仅做概述，通信系统和信息流程将在 6.4.1 节进一步说明。

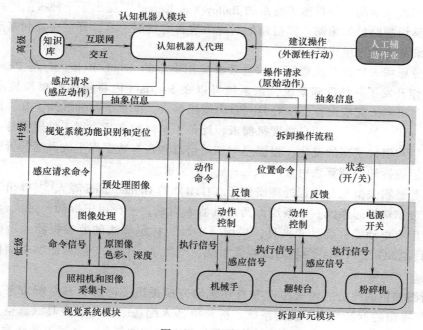

图 3.16 系统架构

1. 工业机器人

工业机器人是一个独立模块，用作 DOM 的主要组件。该模块由两个元件组成，即 IRB-140 小型六自由度关节式工业机器人和 IRC-5 机器人控制器，通过 RAPID 高级程序语言对系统进行编程。工业机器人的主要任务是根据 CRA 动作指令来控制拆卸工具进行半破坏性拆卸操作。机器人具有内置传感器，用于防止每个关节处的电动机过载，传感器还有运动监控[59]及碰撞感知的功能。碰撞感知还可在拆卸工具接近所需切割目标时确定坐标参数。

2. 翻转台

翻转台是用于处理待拆卸物品和移除分离组件的装置。该设备可低成本地替代传统的夹具，旨在从产品中移除分离的部件而不通过夹持的方式。该方式克服了在成堆的物品中拾取不同几何形状物体的复杂性，缺点是无法选择性地拾取物体或在特定方向上施加力。

工作时，首先将 LCD 屏牢固地放置在固定板上，并使用两个

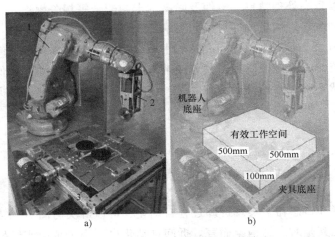

图 3.17 拆卸液晶显示屏的工作台
a）不包括摄像头的完整配置 b）有效工作空间
1—工业机器人 2—粉碎机 3—翻转台

吸盘从前侧吸住，吸盘产生轴向力，而位于四周的固定元件防止屏幕旋转或横向移动，如图 3.18a 所示，固定板支持 16~19in 规格的液晶屏。通过从前侧吸住屏幕，确保 LCD 模块是拆卸后工作站上的唯一部件，此外翻转台会在每个操作循环后翻转 180°来"激活"分离状态，由于翻转力和重力，分离的部件会掉落到位于下方的收集装置或传送带上。

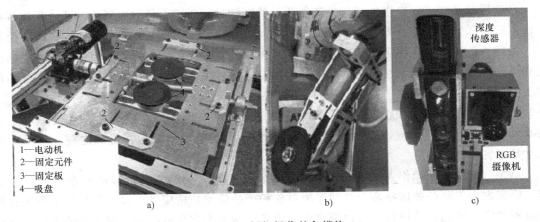

1—电动机
2—固定元件
3—固定板
4—吸盘

图 3.18 拆卸操作的各模块
a）拆卸工作台 b）带切割机的机器人 c）相机系统

3. 拆卸工具

角磨机是用于切割操作的拆卸工具，由于其较好的切割效果和经济可行性，已广泛用于破坏性拆卸中。配有多用途磨料切割盘的角磨机是一种通用的切削工具，如图 3.18b 所示，它能够不损伤自身锋利度的前提下切割 LCD 屏幕中的所有材料（如钢、铝、聚合物），其缺点是会产生工具磨损。角磨机磨盘直径会根据被切割的材料、切割速度和进给速度而不均匀磨损，视觉系统用于检测当前的磨盘直径，以便补偿变化。

切割操作无需调整切割工具就能去除组件的连接关系，可以在不太关键的位置进行切割

以省去处理螺钉、电缆及隐藏的卡扣配合等相关操作。在本系统案例中，进行垂直方向的切割就足以满足拆卸过程的需求。

总而言之，选用成套的小型设备代替夹具和多种拆卸工具，是为了降低成本和节省计算资源。力矩控制和刀具更换带来的复杂性可被控制在最低限度，同时可以保证系统对部件形状不确定性的鲁棒性和柔性。该解决方案的主要缺点是拆卸操作会造成的部件损坏，仅适用于以回收为目的的拆卸。

3.6　小结

拆卸自动化系统通常指的是由工业机器人组成的自动化系统，会配备拆卸工具、操作装置和传感器。实现拆卸过程自动化，可以解决与高劳动力成本直接相关的经济可行性问题，尤其是对发达国家而言。拆卸自动化也可用于帮助或代替操作人员执行危险任务，例如处理重型部件或含有危险物质的部件的情况。但操作人员仍然需要在一定程度上帮助系统进行规划或帮助系统完成无法应对的操作。

在半自动或混合拆卸系统中，手动工作站的操作人员与自动工作站协同工作，对产品或组件进行拆卸。这样系统的优点是在应对产品的不确定性和变化方面具有高度灵活性，自动工作站可以更经济、更高效地执行某些任务，从而实现经济可行性，而操作人员可以灵活地解决自动化系统无法应对的问题。但在这种模式下，操作人员仍然会与产品接触，一些情况下仍然有人体受到危害的可能。

自动拆卸系统可以自主地进行拆卸作业，使拆卸过程所需人员大大减少。通过采用智能的规划程序和智能的传感器系统，可以实现高级别的自主控制，这也是当前研究的一个重点。操作人员负责对系统进行监督，避免了人员在危险工况操作的问题。但由报废产品的变化和拆卸过程中的不确定性引起的问题仍未得到完全解决，大多数现有研究都集中在具体操作上，例如工具路径生成。在规划层面，产品结构的先验知识总是需要以各种形式被提供，例如 CAD 模型、BOM 和优先关系等。高级规划人员需要每个产品模型的特征信息以生成 DSP 和 DPP。缺点是系统处理模型和产品的灵活性相当有限，因为在拆卸之前，产品信息通常是不完整的。

总之，为了保证操作人员的安全和实现经济可行性，仍然需要继续研究全自动拆卸系统。研究方向主要是如何提高全自动系统对各种产品模型的适应性，以及如何保证拆卸过程中对不确定性问题的鲁棒性，无论特定模型信息中的不确定性有哪些，智能系统都应该能生成拆卸计划。

参 考 文 献

[1]　RIFKIN J. The end of work：The decline of the global labor force and the dawn of the post-market era [M]. New York：GP Putnam's Sons，1995.

[2]　BENNETT S. A history of control engineering，1930-1955 [M]. London：IET，1993.

[3]　CRAIG J J. Introduction to Robotics [M]. New York：Pearson，1989.

[4]　DUFLOU J R，SELIGER G，KARA S，et al. Efficiency and feasibility of product disassembly：A case-based

study [J]. CIRP annals, 2008, 57 (2): 583-600.

[5] SCHMITT J, HAUPT H, KURRAT M, et al. Disassembly automation for lithium-ion battery systems using a flexible gripper [C]//2011 15th International Conference on Advanced Robotics (ICAR). New York: IEEE, 2011: 291-297.

[6] KNOTH R, BRANDSTOTTER M, KOPACEK B, et al. Automated disassembly of electr (on) ic equipment [C]//Conference Record 2002 IEEE International Symposium on Electronics and the Environment (Cat. No. 02CH37273). New York: IEEE, 2002: 290-294.

[7] SCHARKE H. Comprehensive information chain for automated disassembly of obsolete technical appliances [M]. Berlin: GITO mbH Verlag, 2003.

[8] LAMBERT A J D F, GUPTA S M. Disassembly modeling for assembly, maintenance, reuse and recycling [M]. London: CRC press, 2004.

[9] KOPACEK P, KOPACEK B. Intelligent, flexible disassembly [J]. The International Journal of Advanced Manufacturing Technology, 2006, 30 (5-6): 554-560.

[10] KOPACEK B, KOPACEK P. Semi-automatised disassembly [C]//Proceedings of the 10th international workshop on robotics in Alpe Adria Danube region. Prague: RAAD, 2001, 1: 363-370.

[11] KUO B C, GOLNARAGHI F. Automatic control systems [M]. New York: Prentice Hall, 1986.

[12] SCHUMACHER P, JOUANEH M. A system for automated disassembly of snap-fit covers [J]. The International Journal of Advanced Manufacturing Technology, 2013, 69 (9-12): 2055-2069.

[13] ELSAYED A, KONGAR E, GUPTA S M, et al. A robotic-driven disassembly sequence generator for end-of-life electronic products [J]. Journal of Intelligent & Robotic Systems, 2012, 68 (1): 43-52.

[14] SCHOLZ-REITER B, SCHARKE H, HUCHT A. Flexible robot-based disassembly cell for obsolete TV-sets and monitors [J]. Robotics and computer-integrated manufacturing, 1999, 15 (3): 247-255.

[15] VONGBUNYONG S, KARA S, PAGNUCCO M. Application of cognitive robotics in disassembly of products [J]. CIRP Annals, 2013, 62 (1): 31-34.

[16] APLEY D W, SELIGER G, VOIT L, et al. Diagnostics in disassembly unscrewing operations [J]. International journal of flexible manufacturing systems, 1998, 10 (2): 111-128.

[17] SELIGER G, KEIL T, REBAFKA U, et al. Flexible disassembly tools [C]//Proceedings of the 2001 IEEE International Symposium on Electronics and the Environment. 2001 IEEE ISEE (Cat. No. 01CH37190). New York: IEEE, 2001: 30-35.

[18] FELDMANN K, TRAUTNER S, MEEDT O. Innovative disassembly strategies based on flexible partial destructive tools [J]. Annual reviews in control, 1999, 23: 159-164.

[19] BASDERE B, SELIGER G. Disassembly factories for electrical and electronic products to recover resources in product and material cycles [J]. Environmental science & technology, 2003, 37 (23): 5354-5362.

[20] BOOTHROYD G, ALTING L. Design for assembly and disassembly [J]. CIRP annals, 1992, 41 (2): 625-636.

[21] MASUI K, MIZUHARA K, ISHII K, et al. Development of products embedded disassembly process based on end-of-life strategies [C]//Proceedings First International Symposium on Environmentally Conscious Design and Inverse Manufacturing. New York: IEEE, 1999: 570-575.

[22] BRAUNSCHWEIG A. Automatic disassembly of snap-in joints in electromechanical devices [C]//Proceedings of the 4th international congress mechanical engineering technologies. New York: IEEE, 2004, 4: 23-25.

[23] UHLMANN E, SPUR G, ELBING F. Development of flexible automatic disassembly processes and cleaning technologies for the recycling of consumer goods [C]//Proceedings of the 2001 IEEE International Symposi-

um on Assembly and Task Planning（ISATP2001）. Assembly and Disassembly in the Twenty-first Century.
（Cat. No. 01TH8560）. New York：IEEE, 2001：442-446.

［24］ BÜKER U, DRÜE S, GÖTZE N, et al. Vision-based control of an autonomous disassembly station ［J］.
Robotics and Autonomous Systems, 2001, 35（3-4）：179-189.

［25］ GIL P, POMARES J, DIAZ S T P C, et al. Flexible multi-sensorial system for automatic disassembly using
cooperative robots ［J］. International Journal of Computer Integrated Manufacturing, 2007, 20（8）：757-
772.

［26］ KERNBAUM S, FRANKE C, SELIGER G. Flat screen monitor disassembly and testing for remanufacturing
［J］. International Journal of Sustainable Manufacturing, 2009, 1（3）：347-360.

［27］ ZUO B R, STENZEL A, SELIGER G. A novel disassembly tool with screwnail endeffectors ［J］. Journal of
Intelligent Manufacturing, 2002, 13（3）：157-163.

［28］ FERNANDEZ C, REINOSO O, VICENTE M A, et al. Part grasping for automated disassembly ［J］. The
International Journal of Advanced Manufacturing Technology, 2006, 30（5-6）：540-553.

［29］ KIM H J, HARMS R, SELIGER G. Automatic control sequence generation for a hybrid disassembly system
［J］. IEEE transactions on automation science and engineering, 2007, 4（2）：194-205.

［30］ FRANKE C, KERNBAUM S, SELIGER G. Remanufacturing of flat screen monitors ［C］//Innovation in life
cycle engineering and sustainable development. Dordrecht：Springer, 2006：139-152.

［31］ KIM H J, CHIOTELLIS S, SELIGER G. Dynamic process planning control of hybrid disassembly systems
［J］. The International Journal of Advanced Manufacturing Technology, 2009, 40（9-10）：1016-1023.

［32］ KIM H J, KERNBAUM S, SELIGER G. Emulation-based control of a disassembly system for LCD monitors
［J］. The International Journal of Advanced Manufacturing Technology, 2009, 40（3-4）：383-392.

［33］ KOPACEK P, KRONREIF G. Semi-automated robotic disassembling of personal computers ［C］//Proceed-
ings 1996 IEEE Conference on Emerging Technologies and Factory Automation. ETFA'96. New York：IEEE,
1996, 2：567-572.

［34］ ZEBEDIN H, DAICHENDT K, KOPACEK P. A new strategy for a flexible semi-automatic disassembling
cell of printed circuit boards ［C］//ISIE 2001. 2001 IEEE International Symposium on Industrial Electronics
Proceedings（Cat. No. 01TH8570）. New York：IEEE, 2001, 3：1742-1746.

［35］ KOPACEK P, KOPACEK B. Robotized disassembly of mobile phones ［J］. IFAC Proceedings Volumes,
2003, 36（23）：103-105.

［36］ KOPACEK P. SEMIAUTOMATIZED DISASSEMBLY-SOME EXAMPLES ［J］. IFAC Proceedings Volumes,
2005, 38（1）：146-151.

［37］ UHLMANN E, SELIGER G, HAERTWIG J P, et al. A pilot system for the disassembly of home appliances
using new tools and concepts ［C］//The 3rd World Congress on Intelligent Manufacturing Processes & Sys-
tems 2000, Proceedings. New York：IEEE, 2000：453-456.

［38］ KNIEBEL M, BASDERE B, SELIGER G. Hybrid disassembly system for cellular telephone end-of-life treat-
ment ［C］//The joint international congress and exhibition electronics goes green. Stuttgart：IEEE, 2004：
281-286.

［39］ WICNDAHL H P, SCHOLZ-REITER B, BÜRKNER S, et al. Flexible disassembly systems-layouts and
modules for processing obsolete products ［J］. Proceedings of the Institution of Mechanical Engineers, Part
B：Journal of Engineering Manufacture, 2001, 215（5）：723-732.

［40］ SCHNAUBER H, KIESGEN G, SLAWIK F. Das Element Produktwiederverwendung im Qualitä tskreislauf
［J］. Ergebnisse des EUREKA Forschungsprojektes CLEANTECH（EU 1104）, 1997：101-132.

［41］ JÜNEMANN R, HAUSER H, MOUKABARY G. Sensor-und informationssystemein der demontage ［C］//

Colloquium on Closed-cycle Economy and Disassembly, Berlin: IEEE, 1997: 30-31.

[42] HESSELBACH J. Automatization in Dismantling of Printed Circuit Boards [J]. RECY'94, 1994: 254-267.

[43] FRIEDRICH R. Identifizierung elektronischer Bauelemente und deren gezielte Demontage [M]. Berlin: VDI-Verlag, 1996.

[44] ZUSSMAN E. Planning of disassembly systems [J]. Assembly Automation, 1995, 15 (4): 20-23.

[45] TORRES F, GIL P, PUENTE S T, et al. Automatic PC disassembly for component recovery [J]. The international journal of advanced manufacturing technology, 2004, 23 (1-2): 39-46.

[46] TORRES F, PUENTE S, DÍAZ C. Automatic cooperative disassembly robotic system: Task planner to distribute tasks among robots [J]. Control Engineering Practice, 2009, 17 (1): 112-121.

[47] GIL P, TORRES F, ORTIZ F G, et al. Detection of partial occlusions of assembled components to simplify the disassembly tasks [J]. The International Journal of Advanced Manufacturing Technology, 2006, 30 (5-6): 530-539.

[48] TORRES F, PUENTE S T, ARACIL R. Disassembly planning based on precedence relations among assemblies [J]. The International Journal of Advanced Manufacturing Technology, 2003, 21 (5): 317-327.

[49] BUKER U, HARTMANN G. Knowledge-based view control of a neural 3-D object recognition system [C]// Proceedings of 13th International Conference on Pattern Recognition. New York: IEEE, 1996, 4: 24-29.

[50] MERDAN M, LEPUSCHITZ W, MEURER T, et al. Towards ontology-based automated disassembly systems [C]//IECON 2010-36th Annual Conference on IEEE Industrial Electronics Society. New York: IEEE, 2010: 1392-1397.

[51] KUREN B V. Flexible robotic demanufacturing using real time tool path generation [J]. Robotics and Computer-Integrated Manufacturing, 2006, 22 (1): 17-24.

[52] KUREN B V. A demanufacturing projector-vision system for combined manual and automated processing of used electronics [J]. Computers in industry, 2005, 56 (8-9): 894-904.

[53] HUCHT A. Automatisierung: Roboter zerlegen Elektronikschrott [J]. Umwelttechnik, 1996, 2: 36.

[54] GENGENBACH V, NAGEL H H, TONKO M, et al. Automatic dismantling integrating optical flow into a machine vision-controlled robot system [C]//Proceedings of IEEE International Conference on Robotics and Automation. New York: IEEE, 1996, 2: 1320-1325.

[55] TONKO M, NAGEL H H. Model-based stereo-tracking of non-polyhedral objects for automatic disassembly experiments [J]. International Journal of Computer Vision, 2000, 37 (1): 99-118.

[56] KAHMEYER M. Flexible Demontage mit dem Industrieroboter am Beispiel von Fernsprech-Endgeräten [M]. Stuttgart: Springer, 1995.

[57] RUPPRECHT R. Versuchszelle zur automatisierten Demontage von Fahrzeugdächern [M]//Flexibel automatisierte Demontage von Fahrzeugd chern. Berlin: Springer, 1998: 82-88.

[58] FELDMANN K, SCHELLER H. Partial automated disassembling of used electronic products and their components [C]//IEEE international symposium on electronics and the environment. New York: IEEE, 1994: 1021-1041.

[59] VONGBUNYONG S, CHEN W H. Disassembly automation [C]//Disassembly Automation. Cham: Springer, 2015: 25-54.

第4章

机器视觉

任何需要根据外界动态环境进行实时决策的系统都需要某种形式的感知能力。系统必须首先确定当前状况，才能做出适当的反应。能够非接触地感知、识别和定位待拆卸对象、组件和（或）紧固件的系统就是本书认为的视觉系统。本章将介绍实现自动拆卸系统时对视觉系统的要求和注意事项。

4.1 引言

4.1.1 视觉系统的作用

机器人拆卸领域的经验表明，机器人拆卸过程不能简单地被认为是装配过程的逆过程[1]，这主要有两个原因：一是有些连接方式是不可拆卸的，如焊接；二是报废产品由于使用条件不同，其外部和内部状况也存在着很大的不确定性。前者只能用（半）破坏性拆卸方式并选择适当的工具和设备来处理，后者的应对方法在很大程度上由视觉系统的性能决定。

一个系统要想准确地响应特定的工作情况，首先需要一个准确的全局模型。如果所有组件的位置、工况和公差参数都是已知的，例如装配过程，则使用"全盲"的自治系统并完全依赖于其内部知识就足够了。对于装配，由于产品的很多尺寸都是预先知道的，因此针对特定产品设计专用夹具就可以降低作业复杂性并提高精度。对精度的高度重视会导致要求高准确性的执行程序，通常小偏差可使用力和扭矩传感器来补偿。以达到人们期望的所有基本知识，包括行动的效果都是正确无误的。

针对特定产品设计拆卸系统通常是不经济的。将报废产品固定在工作台上的柔性化、通用化的方法往往意味着较高的定位误差。各种报废产品的回收批量和回收时间都是不可预测的，而且，这些报废产品达到报废的条件也是缺乏一致性的。由于产品在使用阶段或后续运输过程中的生锈或损坏，理论上成功的拆卸工艺往往无法实施，而且很难通过其外观提前预测这种结果。由于产品在使用阶段的修理或修改，其中的组件也可能被更换、添加或者丢失。总而言之，这些状况都会导致拆卸过程中不确定性的增加，因此需要更智能的系统来对拆卸对象的偏差做出反应，而不是完全依靠已有的静态知识[2]。

在本书中，广义的"视觉"用于描述所有场景的感测技术，包括那些提供或使用距离数据而不是光强度的技术。使用视觉系统感测数据，就可以用这些数据更新代理程序中针对要拆卸对象的知识。因而使系统能够处理实际工作的不确定性。视觉系统包括：①从远处获取某一场景中的实际几何数据的方法；②将原始感测数据处理成关于场景内容的语义信息的处理过程，场景内容包括检测到的组件及其位置信息等。

对产品和组件的自动定位使系统能够更加灵活和柔性地应对定位误差。产品的自动识别减少了每个报废产品进入拆卸系统所需要的参数设置；组件的自动检测使系统能够动态地响应产品模型的变动，还可以通过查看目标状态是否达成来检验操作的成败，如果失败，则可以采取后续措施。此外，在仅依靠某种类型产品的通用结构知识的情况下，对相关元件的检测能力使获取拆卸时未知的产品参数成为可能。

然而，视觉处理是一项特殊的任务，同时也是一个不断发展的研究领域。由于潜在的解决方案通常受到计算时间过长和无法接受的高故障率的限制，因此接下来将介绍一些实现拆卸机器人视觉系统时应考虑的要素。

自主拆卸系统具有可预见的替代方案，其具有较低的自主权、较低的速度、更高的工具及劳动力要求。为实现这种替代方案，一个系统应满足如下条件。

1）通用产品是手动定位的，硬件设备确保产品在整个拆卸过程中保持在已知位置。

2）操作人员输入产品编号，必要时输入当前的拆卸阶段。

3）机器人进行抓握或旋转等某种"技能"的预编程，这种"技能"完全由初始工具位置和后续的接触感应信息来定义。

4）为机器人编程示教某种新的"技能"时，其首次操作的执行依靠手动定位来实现，且接触面的位置等参数会被保存，以供在之后的执行中调用。

5）如果机器人已为当前拆卸阶段进行过编程，则程序动作将自动被执行。

6）当检测到突然作用的外力时，程序将自动终止并呼叫外部帮助。这样即使工具触摸到"错误"的表面也不会产生严重的后果。

然而，这样的解决方案要求在引入每个产品的新型号或新规格模型时，对整个过程进行人工示教，这种人工示教不仅缺乏鲁棒性，还会导致额外的人工成本。每一个产品必须通过人工来识别和分类。此外，人工定位操作不仅效率低而且消耗体力。因此，视觉功能的缺失严重制约了机器人拆卸系统的自动化水平。

4.1.2 一般要求

视觉系统的功能是从真实环境中获取相关场景信息，使系统对上述不确定性具有鲁棒性。这主要包括对拆卸相关对象的检测，包括：①识别，即确定对象信息或给对象分类；②定位，即获取三维空间中物体的坐标。

对产品的拆卸可能包含每个主组件或连接组件的很多动作，在这种情况下，每个组件都需要检测。此外，由于拆卸操作的结果是不确定的，因此系统评估执行操作成功与否的能力是十分重要的，我们称这种评估为执行监控。状态变化的检测、从产品中移除组件的效果都是执行监控的基本内容。

同时，视觉系统必须能忽略与拆卸无关，但可能导致原始图像数据变化的因素。这些因素包括与系统相关的变量，如环境照明、产品或相机位置的变化等。这些问题可以在系统终端（如受控照明系统）中解决，也可以通过软件算法来解决。前者可能涉及更详细的计划和更高的安装成本，后者往往容易出错。在任何情况下，当产品外观发生微小变化，如标签出现错位、表面存在灰尘或铁锈等时，视觉系统检测和定位物体的能力所受影响都应该是最小的。

根据 Tonko 等人进行的报废汽车拆卸案例研究[3]，基于视觉的拆卸过程中常见的挑战包括对刚体的检测、复杂背景中物体的检测、部分遮挡的检测、物体的六自由度估计、油污等外物导致的低对比度图像。

表 4.1 总结了自动拆卸视觉系统的一般要求。此外，由于拆卸过程中相关信息的收集必须是在线完成的，因此检测过程的执行时间应保持最小。最佳的方式是所有视觉处理任务都集成到拆卸进程中，以便系统在完成物理运动的时间内完成视觉检测，而不增加额外的时间消耗[4]。

表 4.1　自动拆卸视觉系统的一般要求

应具有高灵敏度的对象	应具有低灵敏度的对象
1. 产品（类型和位置） 2. 主要组件（类型、位置和数量） 3. 连接组件（类型、位置和编号） 4. 状态变化	同一产品、部件或连接组件外观的变化，例如： 1. 灰尘、铁锈、磨损 2. 贴纸、电缆的位置 3. 拆卸环境引起的外观变化，例如： 1）产品或相机位置 2）传感器噪声 3）环境照明 4）背景

图 4.1 展示了视觉系统可能面临的一些典型问题，即复杂的场景，受背景影响而发光的表面或环境光，污垢和划痕的存在，电缆和胶带等拆卸元素的影响。这些问题使同一型号的不同产品外观不同，也会使同一产品在拆卸的不同过程中外观不同。

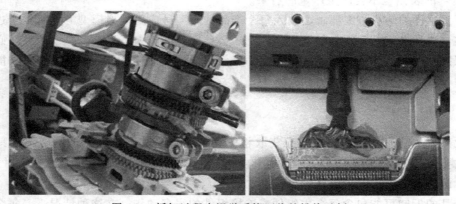

图 4.1　拆卸过程中视觉系统面临的挑战示例

4.2　系统设置

实现视觉系统的第一步是选择合适的硬件，必须根据最终的识别要求选择硬件，并且尽可能采用本土化的产品。

采集数据的传感技术影响和限制着所获得数据的类型。下面将对主要的图像传感器性能参数进行总结。物理设置可能对后续的处理要求和取得的结果产生重大影响。安装在机器人上的摄像机（手持摄像机）要能够从可控的距离和角度来观察组件，但它们一般需要额外的图像采集处理时间，并且机器人的定位会带来额外的误差。

1. 分辨率

分辨率决定了所采集数据中的详细信息量。相机的分辨率通常指的是在每个图像中的像素数。对于深度照相机，深度分辨率（可以感知的最小深度变化）可以是给定的，并且可根据距离而变化。由于这里所说的分辨率是从一个近似点观察一个场景时的能力，因此可以通过将摄像机移动到物体附近来提高采集的分辨率。

识别和定位都需要足够的分辨率。但是，分辨率不能保证感测物体的精度、细节的数量，噪声信号、图像的模糊及图像传感器特定的弱点都可能会严重降低图像中存在的有用信息量。此外，在图像分辨率和速度之间必须折中进行选择，如果图像分辨率过高，就需要过长的处理时间来计算这些图像信息。

2. 检测范围

确定图像传感器检测范围时，应考虑产品尺寸和物理设置的限制。传感器的视野范围决定传感器和物体之间所需的最小距离，也就是使整个物体都能被检测到的距离。光学图像的清晰度取决于焦点，相机内部的对焦系统也限制了可以拍摄清晰图像的距离。距离传感器的检测范围往往定义为与指定精度相对应的有限范围。

3. 频率和速度

在现场采集过程中，还应考虑对完整场景的图像采集速度。如果拆卸系统还需要为了采集图像而等待，那这个等待时间对拆卸系统的效率影响是很大的。当运动过程是图像采集过程的一部分时，例如为获得一个完整场景的信息，一个图像传感器需要在不同的位置上采集多幅图像，此时系统效率受到的影响就是显而易见的。

4. 尺寸和重量

相机系统的尺寸和重量主要与手眼系统相关，其中的物理尺寸影响机器人的工作空间和灵巧度，并限制其承担其他任务的能力。

5. 成本

由于拆卸和回收的预期收益较低，因此只有低成本系统才具有经济合理性。

4.2.1　传感器技术

1. 传统相机

与人眼相似，传统照相机通过可拆卸物体在可见光照明环境中的反射光来感测拆卸操作的场景。与其他传感器相比，传统相机由于其价格和可用性，以及可以获得的丰富信息，是迄今为止最常见的相机技术。相机可以捕获一个场景的 2D 图像，利用在不同位置拍摄的多个重叠图像可以重建 3D 场景（立体视觉），缺点就是需要额外的算法处理。单色相机仅捕获光线强度；彩色相机可捕获多种波长光的强度；通常为红色、绿色和蓝色。为了减少所需的曝光时间和噪声的影响，拍照时需要足够的环境照明。相机曝光期间的移动会导致图像模糊，因此，图像应该在相机静止或缓慢移动时拍摄。

由于技术的普及，现在广泛可用的消费用网络摄像机成本较低（约 250 元），能提供足够的帧速率（15~30fps），满足大多数用途下的分辨率要求。然而，其图像质量通常低于在特定应用中使用的高端摄像机，例如医疗用摄像机、监控摄像机等。这些专用摄像机的优点是具有更高的分辨率、更高的帧速率、更准确的颜色、更少的噪声、更少的镜头失真和可控的相机参数。

立体视觉可以使用多个摄像机（可以是移动或静止的），或者一个可移动摄像机来实现。Büker 等[5] 使用两个可控对焦、变焦和光圈的可移动相机，实现了深度方向的精度为 2mm 的立体视觉，如图 4.2 所示。Fontes 和 Brandão[6] 使用固定焦距的网络摄像头在一个手-眼系统中沿着一个轴拍多个图像，实现了深度精度约为 5mm 的立体视觉。其需要在校准过程中估计焦距，因为网络摄像机的系统信息一般是无法得到的，因此焦距估计过程会造成系统的不准确。关于对象的识别，目前的主要困难是不受控制的环境照明、反射（特别是光泽表面）和阴影对物体成像的影响。

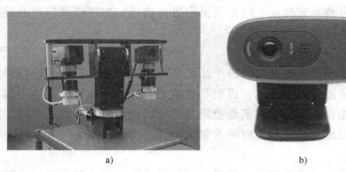

a)   b)

图 4.2　在视觉系统中使用的摄像机类型[5,6]

a) 一个立体相机　b) 网络摄像机

为了尽量减少环境光的影响，建议在可行的情况下控制照明水平。当物体、照相机和光源的相对位置发生变化时，物体反射面就会在外观上显示出很大的变化。此外，光泽的表面会反射出来其他物体的外观。如有的光泽表面反射了机器人本体的橙色。将一个中性色平纹织物制成的屏蔽罩安装在机器人的一侧，并随机器人在图像采集过程中转动，就可以减少这种影响，虽然会以处理时间为代价。

在对象和光源处于不同的相对位置时，产生的阴影也会导致被拆卸对象的成像产生较大的变化，特别是当从产品中移除较大的部件时。由于相对位置的变化会造成阴影区域发生变化，因而部分区域变得照明不足，就妨碍了对象识别。对于这种情况，可以通过使用来自多个角度的漫射照明光源，或者将光源尽可能靠近相机来减少阴影的影响。另外，颜色信息在很大程度上与照明无关，但不是在所有环境中都是如此。

2. 高光谱成像

有关材料反射光谱的信息可能有助于材料识别。Serranti 等[7] 描述了一种在视觉和近红外光谱中使用超光谱成像技术对回收材料进行分类的方法，结果表明，该方法可以在 1000～1700nm 波长光谱范围内，区分出聚丙烯（PP）颗粒中的聚乙烯（PE）颗粒，以及在 400～1000nm 波长光谱范围内，区分出木材、铝和泡沫中的聚乙烯和聚丙烯的混合物。同样，Freitag 等人[8] 介绍了他们在平滑和分化的预处理后，成功使用 800～1700nm 范围光谱从计算机工业废弃物中区分出五种常见聚合物的方法。他们所描述的方法使用了具有精确光源控制性能的光谱仪，光谱仪通过将光束散射到其分量波长中，来精确地以高分辨率测量光束的光谱。然而，由于一次只扫描一条线，该方法需要一些辅助的驱动装置，并且处理速度一般较慢。

使用安装在传统相机传感器顶部的专用滤光器，还可以测量不同波段的光强度，尽管精度较低。Imec 最近推出了这样一款能够以 600×256 像素分辨率，在 600~1000nm 光谱范围内输出 32 个通道图像的专用相机。该技术允许从一个图像对整个场景进行粗略的光谱分析，但目前还不能在商业上应用。此外，可以使用受控光源，通过在发射不同频率光时拍摄多个图像实现物体反射光谱的测量，例如选择彩色和红外 LED 作为光源。不过，这些方法的光谱分辨率是否能够达到材料分类的要求还是未知的。另外，如果物体表面被油漆、污垢或灰尘覆盖，这种方法或许是可行的。

3. 有源深度图像传感器

有源深度图像传感器通过自身发射能量来测量环境中的响应。集成有源深度传感器的使用可以减少立体视觉所需的实施工作量和计算时间。与立体视觉相比，有源深度图像传感器更能适应环境光线的变化，并且在定位缺少特征的平坦表面方面具有优势。然而，对于深度快速变化的复杂场景，有可能不太准确。

微软 Kinect[12]最初是作为游戏控制器开发的，它使用结构光（投射和反射的光图案）来创建深度图像，并将该图像与彩色图像一起输出。由于其合理的价格、集成化的设计及获取深度信息的便利性，该装置很快在室内机器人领域得到广泛应用。文献［13］研究了 Kinect 的准确度和分辨率，结果显示随着距离的增加，其误差呈二次方增加，分辨率呈二次方减小。光泽表面会出现局部区域过度曝光的情况，这会导致采集的深度数据中出现空缺，这种区域就是采集盲区。类似的系统包括 PrimeSense Carmine 和 ASUS Xtion PRO LIVE，两者都比 Kinect 小，功耗更低。特别的是，图 4.3 所示的 Carmine 1.09 专为短距离传感而设计，可能更适合自动拆卸系统。如果没有屏蔽红外线，外置摄像机也可以检测投射的光线图案，这可能会对物体的检测造成干扰。

图 4.3 Carmine 1.09 集成摄像头和结构光深度传感器

飞行时间（ToF）是指传感器测量光束脉冲往返目标距离所花费的时间。作为该类别传感器的成员，2D 激光扫描仪已被证明具有可靠的性能，并在科研领域和工业生产中被广泛应用[15]。然而，如果需要驱动这种激光扫描仪产生 3D 图像，则采集过程将比预期更复杂也更耗时。锁定式 ToF 传感器（如 MESA SR-4000）通过发射调制信号和测量在每个像素处所接收信号的相位变化来测量距离。每次扫描都能获得完整的深度图像，尽管分辨率较低[11]。传感器的检测范围受调制频率的限制，因此在某些模型中，超出范围的点可能无法与具有 360°相位差的、在范围内的对应点相区分。有报告表明，这种效应在 MESA SR-4500 中受到抑制。锁定式 ToF 传感器和 2D 激光扫描仪都存在着一种系统误差，即位于边缘上的像素会返回一种两个深度值之间的错误值，这是边缘点的发射光在多个表面反射时存在损失所造成的。Stoyanov[10]所做的评估结果表明 Kinect 和 SR-4000 在"低量程"（<3.6m）下（平均）表现同样良好。当测量距离更大时，SR-4000 具有更好的表现，但是它也存在上述问题，即对测量范围的变化比较敏感。上述这些性能都是根据正确（正负）参考点和错

误（正负）参考点的数量来确定的。

4.2.2 对比分析

表4.2列出了上述传感器产品的简要信息，表中显示的分辨率和帧速率是最大值，有些配置是可变的。传感器需要一定的曝光时间才能收集足够的光线，一些传统相机或相机软件可以自动降低帧速率以补偿低照明水平。ToF相机的帧速率取决于积分时间。

表4.2 传感器产品的规格和市场价格

传感器	分辨率（像素）	范围	帧速率/fps	尺寸	估计成本/元
摄像头 （罗技 HD C270）	1080×720	固定焦点 （手动可调）	30	84mm×60mm ×32mm	250
摄像头 （罗技 HD C615）	1920×1080	自动对焦	30	69mm×40mm ×34mm	450
用于工业成像的高性能 相机（PixeLINK PL-B776）	2048×1536	焦距由镜头决定 （标配,不含镜头）	4000（8 像素分辨率）; 12（最大分辨率）	102mm×50mm ×41mm	6500
结构光+彩色相机 （PrimeSense 的胭脂红）	640×480	彩色相机: 自动对焦 1.08 0.8~3.5m 1.09:0.35~1.4m	6030（最大分辨率）	180mm×25mm ×35mm	1350
锁定飞行时间传感器 （MESA SR4500）	176×144	0.8~9m	30	119mm×75mm ×69mm	30000

4.2.3 配置概述

在本书的研究中，视觉系统的设计采用低成本方案，同时在功能上满足自动拆卸的要求（详见第4.4节）。硬件是从前面描述的选项中选择的。该系统由两台相机组成，包括一台彩色相机[一]和一台深度相机[二]。这两台相机平行安装，彼此相邻，位于固定板上方 1.2m 处，设置 $z_F = 0$，如图4.4所示。合理选择安装位置，以最小化镜头失真和透视的影响，如图4.5所示。

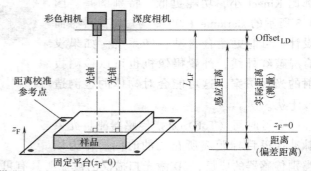

说明：
L_{LF} =镜头中心和夹具底座之间的距离
z_F =到固定板的垂直距离
$Offset_{LD}$ =镜头中心和深度相机之间的距离

图4.4 相机配置和距离校准

[一] 彩色相机捕获使用 Bayer 滤波器编码的 1000×1000 像素单通道 11 位图像，并在预处理中对其进行解码。处理过的彩色图像适用于观察微小细节和颜色反映的特征。$z_F = 0$ 时，水平 xy 面内的精度是 0.57mm/像素。

[二] 实际上采用的是 Kinect 传感器的深度相机，以用来生成 2.5D 图像，这样就通过测量到物体的距离简化了定位操作。此外，很容易就能获取的物体 3D 几何参数对视觉识别也是有帮助的。$z_F = 0$ 时，640 像素×480 像素深度图像在水平 xy 面内的精度是 1.74mm/像素，在机器人操作空间内的高度方向上的精度是 3.37~4.39mm/像素。

在这种安装距离下，可以尽可能高的精度（mm/像素）捕获彩色相机图像，同时保持对整个物体的视野，如图4.6所示。该安装位置位于机器人工作区域的上方，因此可避免任何可能的碰撞。小心地将两个相机调整为平行，这样可简化图像透视校准。

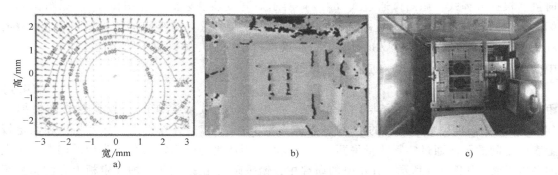

图4.5　Kinect 传感器的原始图像和失真场

a）深度图像的扭曲　b）深度图像　c）彩色图像

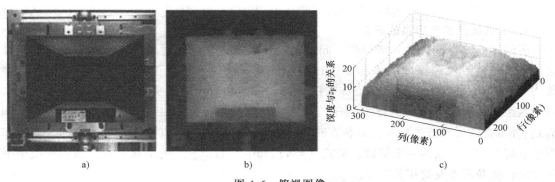

图4.6　俯视图像

a）彩色图像　b）变形深度图像　c）2.5D深度图

控制照明条件简化了视觉识别的问题。为了减少阴影的影响，安装了日光灯（18W，6400K）作为光源，将光线以45°角投射到水平面上。因此，大多数区域至少被一盏灯照亮。高强度光使彩色相机能够以更低的噪声和更宽的景深获得高质量的图像。由于颜色在识别算法中至关重要，因此校准设置用于色彩平衡[12]。以下将详细介绍硬件配置及校准过程。

4.2.4　校准和定位

每台相机感测相对于其自身坐标的物体的位置信息，这可能需要对多个来源的信息进行融合。为了指导具体的拆卸动作，需要将坐标转换成机器人已知的坐标系。因此，只有通过校准操作，才能找到坐标转换的正确参数。下面将针对本研究中的系统解释这些概念。

1. 校准深度图像

640×480 像素的深度图像需要与作为主图像的 1000×1000 像素的彩色图像进行配准。每台相机的光轴垂直于固定板，如图4.4所示，使图像平面与固定板平行。校准分两部分进行，即图像配准和距离校准。

对于图像配准，将投影 2D 变换应用于深度图像（源图像坐标），以便将像素几何配准到彩色图像（目标图像坐标）。投影变换矩阵 M_{Affine} 是包含 2D 旋转、缩放和平移三种类型的几何变换参数的 $2×3$ 矩阵。这些参数表示为 $2×3$ 变换矩阵内的 $2×2$ 旋转矩阵和 $2×1$ 平移向量。根据方程式，源图像通过式（4.1）所示矩阵变换映射到目标图像[13]。源图像和目标图像中的点分别由 $X'_{src} = [\, c_{src}\, r_{src}\, 1\,]$ 和 $X_{dst} = [\, c_{dst}\, r_{dst}\,]$ 表示。这些点的位置以图像坐标（c，r）表示，其中 c 是列索引，r 是行索引。原点（c，r）=（0，0）位于图像的左上角。M_{Affine} 中的元素通过两个图像中的对应点进行数值求解。

$$X_{dst} = M_{Affine} X'_{src} \tag{4.1}$$

距离校准是通过将感测距离与测量的实际距离进行比较来实现的。感测距离可根据式（4.2），利用深度图像中对应的 11 位像素值（范围 0～2047）计算得出。深度相机和固定板上表面之间的距离通过实际测量得到。用于校准的距离是位于固定板角落附近的四个参考点的平均距离，如图 4.4 所示。在本书的研究中，铅垂距离由 z_F 表示，即固定板上方的铅垂距离，z_F 将用于对象的空间定位计算。可利用式（4.3）从特征坐标计算出该点处的 z_F（c，r）。

$$D_{\text{sense}}(c,r) = 123.6 × \tan\left(\frac{\text{PixelValue}(c,r)}{2843.5} + 1.1863\right) \tag{4.2}$$

$$z_F(c,r) = L_{\text{LF}} - \text{Offset}_{\text{LD}} - D_{\text{sense}}(c,r) + D_{\text{actual}} \tag{4.3}$$

2. 相机配置和坐标系的映射

图像平面（空间采样）和操作空间之间的关系通过坐标映射来确定。在完成几何配准之后，对彩色图像和深度图像都要进行坐标映射。帧映射是基于包含内部参数和外部参数[14]两种类型参数的相机校准矩阵来执行的。内部参数反映镜头和图像传感器的特性⊖，包括焦距（f）、两个方向的比例因子（α_x 和 α_y）及图像坐标相对于光轴的偏移（X_0 和 Y_0）。外部参数反映各坐标系位置和方向之间的关系。因此，可以将操作空间中的位置写作图像空间和前述参数的一个函数，见式（4.4）。其中 $\{L_{\text{Offset}}\}$ 表示基于齐次坐标变换中平移和旋转变换所涉及的相关参数。

$$\text{position}(x,y,z) = H(c,r,z_F \,|\, \alpha_x,\alpha_y,f,X_0,Y_0,\{L_{\text{Offset}}\}) \tag{4.4}$$

系统配置如图 4.7 所示。该系统由四个物理组件组成，由此产生四个物理坐标系，即机器人基础坐标系 $\{B\}$、夹具基础坐标系 $\{F\}$、工具系统坐标系 $\{T\}$ 及镜头中心坐标系 $\{L\}$。另外，设置两个虚拟坐标系以导出彩色相机内的几何关系，即空间采样帧 $\{S\}$ 和图像平面帧 $\{I\}$。

另外，定义产品坐标系 $\{P\}$ 以便描述关于每个产品的几何参数和拆卸操作参数。这是用于在拆卸过程中存储产品特定信息（包括机器人移动路径）的主坐标体系。由于 $\{P\}$ 的位置根据每个拆卸的样本而变化，因此在校准阶段不考虑这一点。坐标系 $\{B\}$ 和 $\{P\}$ 之间的转换是在拆卸过程中完成的。

从俯视视角观察到的这些坐标之间的关系如图 4.8 所示。该系统中的相关坐标系在表 4.3 中进行了总结。

相机中的透视变换如图 4.9 所示。空间采样框定义了图像传感器上像素点的 2D 位置。

⊖ 在本研究中，获取内部参数的方法基于两个假设进行了简化，第一，相机装配的是低失真镜头，第二，物理位置和方向都能被合理地校正。

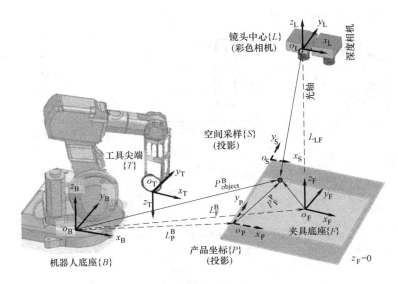

图 4.7 拆卸单元的配置

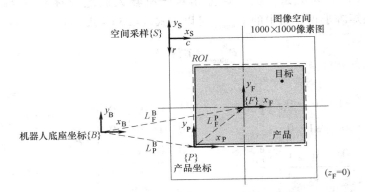

图 4.8 框架从俯视视角观察的坐标和图像空间

彩色相机捕获的图像是物体在该平面上的投影。空间采样框的原点位于图像的左上角。像素位置由 x_S 和 y_S 表示，它们分别对应于图像平面上的 c 和 r。根据图 4.9，对象的物理位置与从相机获得的变量之间的关系由式（4.5）~式（4.7）给出。

表 4.3 坐标系总结

坐标系	类型	原点位置
$\{B\}$ 机器人底座	物理	机器人底座中心
$\{F\}$ 夹具板底座	物理	在彩色相机固定板上
$\{T\}$ 工具尖端	物理	工具末端
$\{L\}$ 镜头中心	物理	彩色相机镜头的中心
$\{P\}$ 产品坐标	物理	产品的左下方
$\{S\}$ 空间采样	虚拟	彩色图像的左上角
$\{I\}$ 图像平面	虚拟	彩色相机图像传感器中心

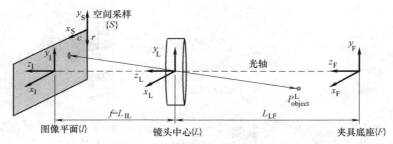

图 4.9　相机中的透视变换

$$c = x_{\mathrm{S}} = -\frac{\alpha_x f \cdot P^{\mathrm{L}}_{x,\mathrm{object}}}{P^{\mathrm{L}}_{z,\mathrm{object}}} + X_0 \tag{4.5}$$

$$r = -y_{\mathrm{S}} = \frac{\alpha_y f \cdot P^{\mathrm{L}}_{y,\mathrm{object}}}{P^{\mathrm{L}}_{z,\mathrm{object}}} + Y_0 \tag{4.6}$$

$$z_{\mathrm{F}} = L_{\mathrm{LF}} - P^{\mathrm{L}}_{z,\mathrm{object}} \tag{4.7}$$

根据式（4.4）所列关系，检测目标相对于机器人底座坐标系 $\{B\}$ 的位置可由式（4.8）所列变换矩阵求得。其中的 $P^{\mathrm{L}}_{\mathrm{object}}$ 可以由式（4.5）~式（4.7）计算得出。

$$P^{\mathrm{B}}_{\mathrm{object}} = T^{\mathrm{B}}_{\mathrm{F}} T^{\mathrm{F}}_{\mathrm{L}} P^{\mathrm{L}}_{\mathrm{object}} \tag{4.8}$$

其中：

$$T^{\mathrm{B}}_{\mathrm{F}} = \begin{bmatrix} -1 & 0 & 0 & L^{\mathrm{B}}_{\mathrm{F},z} \\ 0 & -1 & 0 & L^{\mathrm{B}}_{\mathrm{F},y} \\ 0 & 0 & 1 & L^{\mathrm{B}}_{\mathrm{F},z} \\ \hline 0 & 0 & 0 & 1 \end{bmatrix}, \quad T^{\mathrm{F}}_{\mathrm{L}} = \begin{bmatrix} 1 & 0 & 0 & 0 \\ 0 & 1 & 0 & 0 \\ 0 & 0 & 1 & L_{\mathrm{LF}} \\ \hline 0 & 0 & 0 & 1 \end{bmatrix}, \quad P^{\mathrm{L}}_{\mathrm{object}} = \begin{bmatrix} P^{\mathrm{L}}_{x,\mathrm{object}} \\ P^{\mathrm{L}}_{y,\mathrm{object}} \\ P^{\mathrm{L}}_{z,\mathrm{object}} \end{bmatrix}$$

得到的 $P^{\mathrm{L}}_{\mathrm{object}}$ 见式（4.9）。一般来说，校准可以使用数值方法来精确地确定所有参数（α_x，α_y，f，x_0，y_0，L_{LF}，$L^{\mathrm{B}}_{\mathrm{LF},x}$，$L^{\mathrm{B}}_{\mathrm{LF},y}$ 和 $L^{\mathrm{B}}_{\mathrm{LF},z}$）的具体值。根据前述假设，也可以直接测量获取实际物理系统中的参数。表 4.4 总结了获取必要数据的参数、变量和方法。

$$P^{\mathrm{B}}_{\mathrm{object}} = \begin{bmatrix} x_{\mathrm{B}} \\ y_{\mathrm{B}} \\ z_{\mathrm{B}} \end{bmatrix} = \begin{bmatrix} \dfrac{1}{\alpha_x f}(L_{\mathrm{LF}} - z_{\mathrm{F}}(c,r))(c - X_0) + L^{\mathrm{B}}_{\mathrm{F},x} \\ \dfrac{1}{\alpha_y f}(L_{\mathrm{LF}} - z_{\mathrm{F}}(c,r))(-r + Y_0) + L^{\mathrm{B}}_{\mathrm{F},y} \\ z_{\mathrm{F}}(c,r) + L^{\mathrm{B}}_{\mathrm{F},z} \end{bmatrix} \tag{4.9}$$

3. 定位和产品坐标系 $\{P\}$

在校准过程中，系统能够准确定位物体相对于机器人底座坐标系的位置。3D 操作空间中对象的位置以 $\{B\}$ 和 $\{P\}$ 两个坐标系表示。机器人底座坐标系 $\{B\}$ 描述了由机器人控制器操作的程序范围内的机器人移动路径。产品坐标系 $\{P\}$ 用于系统的其余部分，若使用该坐标系，则会相对于产品本身来描述产品特定功能的位置。因此，该信息可用于概括描述相同模型或产品的样本，即学习过程的适当参考框架。

表 4.4　校准参数和变量总结

参数(变量)	定义	获取数值的方法	单元
L_x，L_y，L_z	$\{B\}$与$\{F\}$之间的偏移	物理测量	mm
L_{LF}	沿光轴的$\{L\}$和$\{F\}$偏移	物理测量	mm
X_0，Y_0	$\{I\}$与$\{S\}$之间的偏移	从捕获的图像测量	像素
α_x，α_y	比例因子	由物体在$z_{\mathrm{F}}=0$时测量的物理尺寸及其在拍摄图像上的尺寸校准得到 $$\alpha_i = \frac{L_{\mathrm{LF}}}{f}\frac{\Delta P^{\mathrm{B}}_{i/\mathrm{object}}[\,\mathrm{mm}\,]}{\Delta P^{\mathrm{S}}_{i/\mathrm{object}}[\,\mathrm{pixel}\,]};i=x,y$$	mm/像素
f	镜头焦距	镜头规格	mm
c，r（变量）	空间采样坐标系上的位置	从捕获的图像处理输出	像素
z_{F}（变量）	物体与$\{F\}$的铅垂距离	由深度图像处理得到	mm

　　物体在产品坐标系中的位置可以通过对 $P^{\mathrm{B}}_{\mathrm{object}}$ 乘以变换矩阵 $T^{\mathrm{P}}_{\mathrm{B}}$ 来获得，见式（4.10）。根据图 4.7 所示系统的配置，最终结果见式（4.11）。

$$P^{\mathrm{B}}_{\mathrm{object}} = T^{\mathrm{P}}_{\mathrm{B}} P^{\mathrm{B}}_{\mathrm{object}} = T^{\mathrm{P}}_{\mathrm{B}}\left(T^{\mathrm{P}}_{\mathrm{F}} T^{\mathrm{F}}_{\mathrm{L}} P^{\mathrm{L}}_{\mathrm{object}}\right) \tag{4.10}$$

$$P^{\mathrm{P}}_{\mathrm{object}} = \begin{bmatrix} x_{\mathrm{P}} \\ y_{\mathrm{P}} \\ z_{\mathrm{P}} \end{bmatrix} = \begin{bmatrix} \dfrac{1}{\alpha_x f}(L_{\mathrm{LF}} - z_{\mathrm{F}}(c,r))(c - X_0) + L^{\mathrm{B}}_{\mathrm{F},x} - L^{\mathrm{P}}_{\mathrm{B},x} \\[2mm] \dfrac{1}{\alpha_y f}(L_{\mathrm{LF}} - z_{\mathrm{F}}(c,r))(-r + Y_0) + L^{\mathrm{B}}_{\mathrm{F},y} - L^{\mathrm{P}}_{\mathrm{B},x} \\[2mm] z_{\mathrm{F}}(c,r) + L^{\mathrm{B}}_{\mathrm{F},z} - L^{\mathrm{P}}_{\mathrm{B},x} \end{bmatrix} \tag{4.11}$$

　　总之，校准过程是为了确定系统的内在和外在参数。仔细考虑物理系统设计可以减少校准参数的数量，从而简化校准过程。拆卸过程根据 3D 空间中感测到的位置进行操作，这些位置可以使用从图像直接获得的校准参数和变量 c、r、z_{F} 来计算得到。产品坐标系 $\{P\}$ 用于大部分操作过程，因为它代表产品本身的几何形状。然而，机器人底座坐标系 $\{B\}$ 在控制机器人运动中也是很重要的。

4.3　识别技术

　　人类的视觉系统能够识别常见的任意物体。然而，虽然人们已经做了大量的研究工作，但目前机器视觉中最好的解决方案在物体识别的速度和准确性上仍不能与人类视觉系统相比。机器视觉识别目前仍是一个十分活跃的研究领域，本节旨在简要介绍该领域的研究进展，并将重点说明拆卸视觉中的已有研究成果。识别大致包括两步，即提取并描述特征，然后分类。

　　特征是任何可以测量获取的原始数据，可用于识别目标对象。例如像素（颜色或光照强度）、位置、边缘、角落或这些特征的任何组合。然后，一些分类方法会用来判断图像中的区域是否是识别目标对象时要采用的特征。在某些时候，图像也可以被划分成不同的区域以进行逐个分析，这就需要至少一个对象作为已知实例来进行比较分析。我们通常采用较大的样本量并通过统计的方法来应对产品样本在外观上的可能变化。

一种技术的合理选择在很大程度上取决于应用环境。下面我们将介绍常用识别技术，特别是在拆卸机器人中使用的视觉处理技术。

4.3.1 阈值处理

从相机获得的图像是由在每个像素点上接收到的光强度的一系列数值来表示的。阈值处理是通过使用某种限制或阈值，将这样的图像转换成每个像素点上的数值都是二进制值的图像，即通常所说的二值化图像。

彩色相机测量多个波长的光强度，可以根据所需的功能在各种颜色空间中描述光强度信息。RGB 颜色空间可以分别描述通道中红色、绿色和蓝色的光强度，色调饱和度值（HSV）颜色空间通常用于将色彩属性与亮度分离，因此可以认为颜色与环境照明情况无关[15]。在颜色空间内的转换只是每个像素点上通道值的数学变换。

在物体或背景具有已知亮度或颜色的情况下，像素点数值本身就可以用作一种主要的分类方法。可以在颜色空间中设置阈值来分类：其上数值高（低）于阈值的像素被认为属于特定对象，而低（高）于阈值的被看作背景，然后从得到的二值化图像中提取对象位置。自适应阈值处理中的阈值不是恒定的，它是从图像或图像内的区域的属性经过计算得出的。

阈值处理通常用于人体肤色检测[17]。通过阈值处理检测到的多个对象实例可以进一步分组为连通域，如图 4.10 所示，这属于聚类或斑点检测（Blob Detective）领域。阈值处理作为预处理技术[18]能够简化图像以便为进一步处理做好准备。

 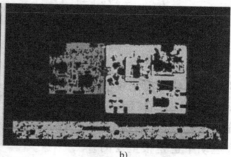

a)　　　　　　　　　　　　　　　　　b)

图 4.10　PCB 检测的阈值和斑点检测[16]

a）捕获的图像　b）阈值处理后做斑点检测

阈值处理在深度图像的解释中也是有用的。如果已知物体位于特定高度或距离内，背景中的噪声就可以自动被去除。与颜色点检测类似，也可以使用最小深度变化的标准或与其他对象的距离来对对象进行划分。

4.3.2 边缘检测和几何轮廓

轮廓或边缘是分隔对比色区域或不同强度区域的边线。在相机图像上，边缘检测通常通过计算近似图像的导数（图像梯度）来得到，其在强度变化处具有最大幅度。图像梯度的方向可用于确定边缘的方向。Canny 边缘检测器[18]基于上述原理建立，可输出单像素边缘的二进制图像，如图 4.11 所示。

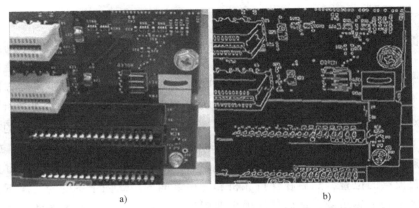

图 4.11 OpenCV Canny 边缘检测器应用于 PCB 图像

a) 捕获的图像 b) Canny 边缘检测

边缘轮廓是对物体的几何形状的自然描述，但是这种描述性的数据必须得到进一步处理以成为可比较或分析的形式。霍夫变换是一种定位图像内的已知对象和几何定义对象的方法，其将对象中的每个点视作在该对象的所有有效变换中可能出现的位置的投票，这种投票在离散的箱子中计数。图像中对象的实际位置会引起计数值中的局部最大值，从中可以直接获得所表示的参数（例如直线的距离和角度）。

Ramer-Douglas-Peucke 算法或拆分合并算法将未知形状的曲线拟合为一系列线段。如果曲线上的点与拟合线段之间的距离大于阈值，则打断该线段，并且给出一段只延伸到这个有问题点的较短线段，直到该曲线中的所有点都在拟合线段的给定公差范围内。

对深度图像进行处理时[20]，使用边缘检测技术来识别平行夹持器的夹持面，这些夹持器从上方接近便携式相机中的目标模块。在使用圆弧段来应用拆分合并算法之后，平行夹持器中平行的直线部分就能被找到。随后对目标对象进行分析，以确保边缘属于同一物体，并为机器人夹持器的接近提供足够的空间。

受到人类视觉系统的启发，Büker 等[5]使用 Gabor 滤波器来识别各种分辨率和方向的轮廓。然后使用通用霍夫变换来确定螺母的位置。这种方法对于背景杂乱的物体是可靠的，但是存在污垢和锈迹的螺母就可能会造成系统提示"没有展示足够的轮廓以准确确定其位置"。

在轮廓图像提取之后，Gil 等人[18]使用渐进概率霍夫变换来模拟线缆的直线部分，从中可以计算其切割位置。他们还提出了可以使用直线段来应用拆分合并算法检测螺钉。在该研究的结果中，边缘检测器被应用了两次，边缘的几何特征，即长度、方向和它们的分布，以及模板匹配，都用来作为元件识别的依据。

尺度空间过滤分析是对不同尺度的，在不同程度的平滑处理之后的边缘和间隔（边缘分隔的区域）进行分析。将边缘视作二阶导数的零点，Witkin[21]发现了间隔的感知能力与其对尺度变化的稳定性之间的对应关系。通过缩小图像尺度（随着图像越来越细节化）找到稳定性的局部最大值，可以获得间隔的最佳描述或分段，在较粗糙尺度下识别出的边缘也可以在更精细的尺度下定位出来。Hohm 等人[22]提出了尺度空间滤波作为电缆检测的一种合适的算法。

4.3.3　模板匹配

　　模板匹配是一种将目标物体与模板（如样例或模型图像）进行比较的识别算法，最简单的形式是将场景中的区域与图像模板进行逐像素的比较，这可以在原始图像上或在预处理（如边缘检测）之后执行。只要拆卸对象是已知的，并且其与摄像机的距离和方向保持不变或以一定的参数补偿，模板匹配就是有效的。为了减少所需的比较次数，通常对图像进行二次采样，即对分辨率较低的图像进行比较。如图像金字塔处理通常是二次采样的有效方法。

　　Elsayed 等人[4]在使用深度图像进行粗略的场景分割之后，在"适当缩放、旋转和直方图均衡"之后识别了个人计算机内的组件。Rolando Cruz-Ramírez 等人[23]使用霍夫变换确定了建筑物天花板梁的位置，然后在保持相机和光束之间的距离固定不变的情况下，生成了一个新的运动轨迹来采集图像，最后使用模板匹配确定了螺钉位置。在上述两个例子中，知道包含结构的位置约束了所需的搜索空间。对于元件识别，Gil 等人[18]使用由图像金字塔辅助的模板匹配，从而先在低分辨率图像上找到候选位置，然后以更高的分辨率验证和改进这些潜在的匹配。

4.3.4　关键点特征匹配

　　关键点是图像中的特殊位置，可以用于计算和识别场景中的对象（见图 4.12）。关键点检测器提取那些从不同视角获得的图像中可能重复出现的目标位置，描述了可匹配每个位置周围区域的像素特征。然后，对关键点进行比较而非每个单独的像素，这样就可以减少需要进行的比较次数。如果对象上存在足够多的关键点，则在对象的比例或方向不确定时，这种方法就比直接模板匹配更有效。表 4.5 给出了常见的关键点检测器和描述符的示例。与角点检测器（Corner Detector）相比，斑点检测器（Blob Detector）通常更稳定（对视角变化鲁棒性好）；然而，角点检测器算法具有速度和定位精度上的优势[31]。

a)　　　　　　　　　　b)　　　　　　　　　　c)

图 4.12　使用 SIFT 和 FAST 算法的关键点检测

a）捕获的图像　b）SIFT　c）FAST

4.3.5　语义与关系特征

　　人类不仅从每个物体的外观，而且在场景和先验知识的背景下识别物体。外部信息（例如相对于其他组件的大小和位置）可以对要寻找的对象位置产生约束，并且有助于消除具有相似外观对象的歧义。Galleguillos 和 Belongie[33]对在计算机视觉中利用基于情境的视

表 4.5　常见的关键点检测器和描述符[24-32]

斑点检测器	角点检测器	其他描述符
SIFT *[27]	Harris *[31]	BRIEF[33]
SURF *[28]	FAST[32]	FREAK[34]
CenSurE/STAR[29]		
BRISK *[30]		

觉信息的一般方法进行了研究。

与一般图像分类相反，本书提出的拆卸系统在受限的环境中进行操作。在这种情况下，通常先要对拆卸的产品进行定位，然后将较小组件的搜索空间限制在该产品的区域内[4,23]。Jφrgensen 等人[34]使用产品的分层树模型，其中每个节点代表一个组件，根节点代表产品的分类。节点既包含标准化的预期的产品位置信息，又包含基于产品内目标出现概率的加权因子信息，这种信息用于在检测组件时做出最佳识别判断。Karlsson 和 Järrhed[35]描述了一种用于拆卸电动机的视觉系统，在识别螺钉的相关区域（ROI）中，由人工操作者针对每个模型进行手工示教。而后出现这些模型时，仅需搜索 ROI 便可以验证螺钉的存在。然后使用预先示教过位置的螺钉的存在与否来确认电动机的存在与否。对于车轮上螺栓的检测，Büker 等人[5]进一步规定螺栓呈对称排列。这也被整合到他们的广义霍夫变换方法中。

4.3.6　高级分类方法

指定对象的确切质量或特征值一般很难确定。统计和机器学习技术通常用于已知数据集的实例分类。以下是此类技术的简要概述。

模糊度量是通过计算每个测量特征与模板的隶属度或一致性来测量新实例与模板的对应关系。为了识别输入产品（电动机），Karlsson 和 Järrhed[35]手动选择了 8 个特征作为一组，这些特征是根据产品轮廓的二进制图像计算得出的，包含：面积，周长，惯性矩 I_{xx}、I_{yy} 和 I_{xy}，以及边界矩形的测量值（长边长度、短边长度和边长比）。初步测试表明高斯型隶属度函数是最适合的。模板中的每个特征（即来自同一个电动机类型的特征）都被分配了高斯隶属函数，其特征取决于其平均值和标准偏差。可以根据此单个特征与模板的关联程度衡量新的实例。为了生成对模板的模糊评测，特征隶属度的值可以用式（4.12）和式（4.13）来进行融合计算。

$$f(\mu_1, \cdots, \mu_i) = \left(\frac{1}{K^N - 1}\right)\left(\frac{-1 + K^N G}{1 + G}\right) \tag{4.12}$$

$$G = \prod_{i=1}^{N} \frac{1 + (K-1)\mu_i}{K - (K-1)\mu_i} \quad 1 < K < \infty \tag{4.13}$$

式中，μ_i 是特征的隶属度；N 是特征数；K 是常数[35]。

人工神经网络是一种基于仿生功能的学习和近似方法，其灵感来自于生物神经系统的工作原理，通常用于使用多个输入进行分类。Jorgensen 等人[34]提出了一种由多个预处理过滤器（包括自适应阈值处理、直方图、边缘和角点检测器）组成的组件识别系统，特征选择通过一种"主成分近似算法"完成，所选特征被输入到一个用于组件识别的基于 RAM 的神经网络中。神经网络中的每个神经元都是具有多个输入的简单函数。其输出可以进一步用于连续级别的神经元，从而允许更复杂函数的近似处理。为了获得神经元功能的参数，必须用样本训练神经网络。

支持向量机（SVM）是一种类似的技术，其中用于分类的每个实例被认为是由每个特征值定义的多维空间中的点。分类是根据（已定义类型的）函数进行的，该函数将阳性和阴性训练样本最大程度地分开。Rolando Cruz-Ramírez 等人在发现单独的模板匹配不足以检测低分辨率螺钉后[23]，使用 SVM 分类器进一步评估了候选目标来获得更高的准确性。

决策树是一种机器学习技术，其中，个体特征的值被选择为分支标准，然后将该值依次地与对象相比较实现分类。Boosting 算法允许应用多个较弱（较不准确的）分类器的权重来训练更精确的分类器。对于物体检测，Viola 和 Jones[36] 在 Haar 特征上使用增强算法 Ada-Boost，有效地计算了粗糙特征并描述了图像内相邻区域的相对亮度。这些特征在进行场景图像的对比时可以很方便地进行取舍，但是如果要对比所有特征，其计算量就会非常大。训练小分类器可以提供较高的检测率，其在分类期间被连续应用（即作为级联）以快速排除非目标的图像区域。对于面部识别，该方法被证明可以与现有的准确性文献相媲美，速度显著提高，因而适用于实时处理。然而，训练这样的机器学习系统需要一个大的训练集（可能是几千个标签化的图像），因而该方法仅适用于标准化和通用的组件。

4.3.7 结论

目前计算机视觉中有多种工具和技术可用于对象识别。由于各种任务的差异，包括图像质量、任务难度及系统设置的不同，因此难以比较拆卸过程视觉系统中各种方法的性能优劣。此外，许多文献也缺乏对图像处理系统的性能信息的描述。这些信息包括（在相关的情况下）使用的算法和相关参数、图像分辨率、检测正确率和错误率、准确性和执行时间（相对于计算机系统）等。

迄今为止，由于拆卸系统所需解决任务的范围太过于广泛，还没有通用的解决方案来识别拆卸对象。解决方案通常会连续使用一系列技术，并利用有关对象之间的关系信息。特征的选择需要与特定任务相适应，使得特征能够得到必要的区分，并且所需比较的数量不会导致过高的计算成本。为了保证技术上的可行性，文献中的模式也是如此，我们提出了一种解决方法，根据产品内的不同层次，拆卸视觉系统可以被看作是单独任务的组合，这样就可以根据每个任务的要求进行具体的处理。

4.4 要求和功能

高度柔性的拆卸视觉系统的功能应适用于大量产品模型，不仅是那些已知的产品模型，而且还有可能是未来的集成模型。然而，将拆卸问题约束到特定的应用场景既有利于降低问题的复杂性，并且可以改善视觉系统的鲁棒性。应将问题分解为尽可能与拆卸对象相关的任务，但是要对每个单独任务的范围和要求进行限制。即：①产品检测、②主要成分检测、③连接成分检测、④状态变化检测。

4.4.1 产品检测

产品是拆卸视觉系统中需要检测的体积最大和层级最高的物体。控制背景颜色（或照亮背景以拍摄轮廓图像）、按深度或位置进行阈值处理、识别空绑定点（rig）与占用绑定点之间的差异都可以简化从背景图像中分割出产品图像的处理工作。通常情况下我们当然可以获得高分辨率、包含多种细节的大尺寸图像，然而其面临的潜在困难是如何将其转化为足够小的特征集，并与数据库中已有的产品模型进行快速比较。

　　每个确定的产品都具有一组标准组件，但由于使用过程中的维修和维护，其结构可能会发生改变。当组件是标准件时，这些紧固元件的位置可用于确认或排除对特定产品型号的识别。当多个产品具有相似的外观，或者同一类产品存在多种可能的内部配置时，也就存在多种可能的拆卸方案。一旦这类产品在拆卸操作中显露出内部结构，就可以自动排除其他的可能性。此外，产品上的一些特殊特征也有助于识别其类型或型号，如图案、文字和条形码。不过，Kopacek 和 Kopacek[37] 在文献中说明了条形码本身不足以完全识别手机的型号。

　　采用可控的背景和光源、阈值操作和进一步的图像处理，Karlsson 和 Järrhed[35] 获得了待拆卸电动机的二值化轮廓图形，如图 4.13 所示。他们从这些形状轮廓中，使用模糊测量法计算了 8 个手工选择的几何特征值与数据库进行了比较，并根据螺钉位置进一步确认了分类。该方法从两个相互垂直的视角上都输出了 95% 的精度，其总精度约为 98%。

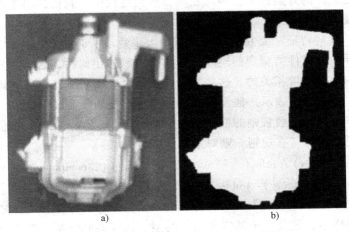

a)　　　　　　　　　　　b)

图 4.13　电动机模型识别图像处理[35]

a）捕获的图像　b）处理后的图像

　　在作者的研究项目中，SURF 用于识别 LCD 屏幕样本的模型。从 LCD 屏幕底壳图像中提取 SURF 关键点特征，并与数据库中候选模型的特征进行比较，如果匹配到了足够数量的关键点，则可以确认模型得到识别。通过对 37 种不同型号 LCD 屏幕的初步测试，该探测器实现了 95% 的准确度，其中将屏幕按照关键点匹配的 15% 的阈值进行了分类。对于相同型号的屏幕，根据噪声和光照条件的微小差别，关键点匹配在 17%～100% 之间变化。其测试实例如图 4.14 所示。

4.4.2　主元件检测

　　组件检测的问题可以从两个角度来看待：①按几何模型识别组件；②按类型识别组件。当确定组件的几何模型已知时，前者更合适，例如拆卸的目标是以再利用为目的的特定部件，在这种情况下，使用模板匹配的策略就已经足够了[4,18]。反之，组件的几何模型未知

a)　　　　　　　　　　　b)　　　　　　　　　　　c)

图 4.14　在样本和候选模型中检测到 SURF 关键点

a）一个样本　b）匹配的关键点　c）检测到关键点

时，组件检测就可以按类型来识别。由于规格和设计的不同，同一系列的产品往往包含相同类型的组件，但这些组件具有不同的外观特征。如果组件的类型可以识别，理论上而言，系统就能够拆解未知的产品模型，并用适当的方式处理每个组件，这更适合回收和废物处理。但是，这也需要更灵活的分类技术。因此在项目研究过程中，我们提出了用于检测主要组件类型的"共同特征"的概念。

组件类型的"共同特征"是在该特定类型中大多数或所有组件之间所共享的物理特征。尽管存在设计差异，但组件类型中的模型通常具有一致的相似性，这是因为它们所共有的特定特征是与组件的功能直接相关的。这些共同特征就可以用于制订组件的识别规则，项目中将使用逻辑定义法对其进行表示。假设相应组件的特定规则集是完备之时，特定组件的检测在当前工作状态下进行。一般规则的格式见式（4.14）和式（4.15），它们表明如果对象 x 满足对应于组件类型 y 的所有规则，则对象 x 是组件类型 y。

$$[\text{rule}_1(x,y) \land \text{rule}_2(x,y) \land \cdots \land \text{rule}_n(x,y)] \supset \text{component}(x,y) \tag{4.14}$$

$$\text{component}(x,y) = [\text{object}(x) \land \text{componentType}(y) \land (x \in y)] \tag{4.15}$$

检测的准确性直接取决于其关键共同特征的数量，以及它们在各组件之间的区别。视觉系统需要观察大量样本，这是由于其定义组件类型、选择共同特征、确定分类所需适当参数的需要。此外，还需要开发用于计算每个抽象规则实际值的相关算法。

产品类型不同，最适合的一组共同特征也随之不同。基于所提出的相机配置，本项目研究中分析了 37 种不同型号的 LCD 屏幕，其共同特征可以分为三个主要组：①几何形状，②颜色范围，③纹理和连接区域。

1. 几何特征

组件的几何形状可以直接从颜色和深度图像来获取。通过图像采集到的组件大小、位置和形状都可以通过其最小包围盒（MBB）粗略地描述，MBB 是包含整个组件的最小几何体。MBB 的尺寸、纵横比和高度（距 LCD 屏幕正面的距离）的值将被观察是否落入某种类型组件的连续数值范围内。然后根据这些属性给出可能的范围来制订相应的规则，该规则见式（4.16）。其中 prop 可以用尺寸、纵横比和高度来代替。

$$\text{rule}_{\text{prop}}(x,y) \subset [\text{component}(x,y) \land \{\text{prop}_{\min}(y) \leqslant \text{prop}(\text{MBB}(x)) \leqslant \text{prop}_{\max}(y)\}]$$

$$\tag{4.16}$$

使用几何特征作为一个共同特征的一个较好的实例是 LCD 显示模块，它在很大程度上决定了整个产品的尺寸。该规则的参数可以从相关标准文件中获得。在拆卸装置中要分离的 LCD 模块的对角线尺寸范围为 15~19in。LCD 模块的高度范围为 10~20mm，它们的长宽比在 4∶3 和 16∶10 之间。

2. 颜色范围

得益于功能材料和生产技术的发展，在大多数组件类型中只发现了很小的颜色变化。如果检测到相应颜色范围内的足够大的连续像素区域，我们就认为检测到了该组件。像素颜色以 HSV 颜色空间表示[38]。斑点检测[39]用于定位目标区域，这种目标区域应既满足颜色判断标准，并且具有大于 Φ_{Blob} 的面积，参见式（4.17）、式（4.18）。如果 x 是 y 类型的组件，则对 x 的斑点检测区域中的像素 I 而言，当其色相（h）和饱和度（s）值满足组件 y 所定义的范围时，就认为其满足了颜色判断标准（与 h、s、v 相关）。

$$\text{rule}_{\text{colour}}(x,y) \subset [\text{component}(x,y) \wedge \{\text{area}(\text{blob}(x)) \geqslant \Phi_{\text{Blob}}(y)\}$$

$$\wedge \text{satColourPixel}(I,h,s,v,x,y)] \tag{4.17}$$

$$\text{satColourPixel}(I,h,s,v,x,y)$$

$$= [\text{component}(x,y) \wedge \text{pixel}(I,\text{colour}(h,s,v))$$

$$\wedge \{H_{\min}(y) \leqslant h(x,I) \leqslant H_{\max}(y)\} \wedge \{S_{\min}(y) \leqslant s(x,I) \leqslant S_{\max}(y)\}] \tag{4.18}$$

颜色范围可以有效地区分印刷电路板（PCB）与 LCD 屏幕中的其他主要组件。PCB 通常为绿色或黄色的，而其他组件为灰色的。灰色的一般是没有涂层的金属。由高强度厚钢板制成的零件，如托架是哑光灰色的；纯粹用于覆盖的零件，如 LCD 模块和 PCB 盖的背面都由浅灰色的薄钢板制成。H 和 S 通道的显著差异可以清楚地表示为如图 4.15、图 4.16 所示的直方图，其结果是从观察到的样本中收集颜色像素而得到的。表 4.6 总结了每种成分的颜色范围。组件之间的分类可以使用固定阈值计算来完成。

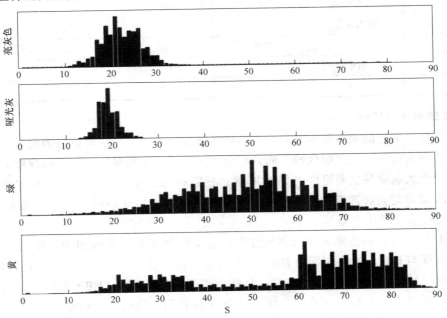

图 4.15 从样本采集图像的 S 通道中基色的直方图

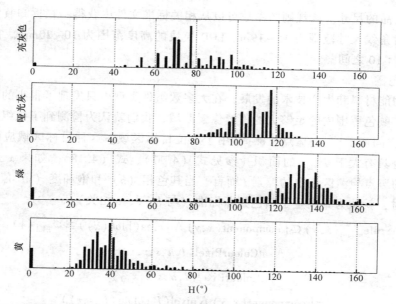

图4.16 从样品采集的 H 通道中基色的直方图

表4.6 LCD 屏幕中组件的颜色范围

零件	颜色名称	HSV 颜色范围			
		H(0,360°)		S(0,100)	
		最小	最大	最小	最大
背板	无	—	—	—	—
PCB 盖板	哑光灰色	73°	135°	10	27
	浅灰	40°	128°	9	35
支架	哑光灰色	73°	135°	10	27
PCB	绿色	70°	200°	35	80
	黄色	20°	70°	35	90
LCD 模块	浅灰	40°	128°	9	35

3. 纹理和连续区域

通过图像采集到的表面纹理与组件的功能也是直接相关的，这可以分为均质的和非均质的两类。均质表面是大的连续区域，而只有由通风孔等小特征导致的颜色和深度上的很小的变化，这是金属制成的主要组件（如 PCB 盖、托架和 LCD 模块）上可以观察到的典型纹理特征。PCB 等非均质纹理组件，通常包含子组件，而且这些子组件由于其与基底不同的独特颜色和深度变化而十分显眼。

式（4.19）可以将连续区域识别为组件，这与均匀性和显著性相关。检测区域的均匀性是由斑点簇与其最小边界矩形（MBR）的大小的比率确定的，见式（4.20）。MBR 是作为一个图形区域在 2D 图像中被考虑的，与整个产品的面积相比，MBR 必须具有相当大的尺寸，这可以通过式（4.21）来确定。阈值 Φ 用于保证两个规则的合理性。

$$\text{rule}_{\text{connectedArea}}(x, y)$$

$$\subset \text{component}(x,y) \wedge \text{homogeneity}(x,y) \wedge \text{significantArea}(x,y) \tag{4.19}$$

$$\text{homogeneity}(x,y) = \frac{\text{area}(\text{blob}(x))}{\text{area}(\text{mbr}(x))} \geqslant \Phi_{\text{Blob/mbr}}(y) \tag{4.20}$$

$$\text{significantArea}(x,y) = \frac{\text{area}(\text{mbr}(x))}{\text{area}(\text{Product})} \geqslant \Phi_{\text{Mbr/Product}}(y) \tag{4.21}$$

此外，如果从深度图像测量的表面粗糙度值（Ra）在相应部件（Ra_{Max}）的最大可接受的粗糙度内，则式（4.22）中的表面粗糙度规则就是成立的。在确定此阈值时，必须考虑深度相机的检测能力。

$$\text{rule}_{\text{roughness}}(x,y) \subset [\text{component}(x,y) \wedge \{Ra(x) \leqslant Ra_{\text{Max}}(y)\}] \tag{4.22}$$

总而言之，检测规则可以通过观察多个产品样品获得的共同特征和参数来制订。LCD屏幕的案例研究说明了一组用于对主要组件类型进行分类的规则和共同特征的可行性。

4.4.3　连接组件检测

在拆卸视觉系统中，对连接组件，或称为紧固件的自动检测非常必要，其目的是在执行操作之前验证紧固件的存在、类型和位置，以及确定在未知产品变体上执行这些基本操作的可能性。然而，由于紧固件的体积较小，外观不同，其检测极具挑战。表4.7根据紧固件检测和拆卸的难易程度，对它们进行了分类[40]。由于不同类型紧固件性质的不同，因此不同类别的检测应看作是视觉系统内各自独立完成的任务。

表4.7　常见紧固件和可检测性比较

可探测性	拆卸方法		
	非破坏性	半破坏性	破坏性
高	螺钉、螺栓等	铆钉	
中	弹簧、钉子、销	电缆、捆扎、胶带	焊缝
低	—	—	胶合、焊接、粘结剂（密封）

基于紧固件是否为标准件、外观及它们的一般可视性来评估检测的难易程度。结构紧固件、焊缝和胶结接头是非标准的，且通常是处于隐藏状态的。对这些紧固件的自动检测在当前的拆卸自动化系统中是缺乏可行性的。在这种情况下，只能使用已知产品的数据库，也可以基于实例学习方法，或者进行大规模的破坏性拆卸尝试。另一方面，螺钉、螺栓和铆钉具有标准几何形状，易于识别，但在产品维护期间，螺钉和螺栓可能会丢失或更换。

电缆、捆扎带和胶带通常在视觉上很显眼。然而，由于缺乏固定的形状，因此面临很多的挑战。弹簧、销和U形钉也具有比较明确的形状。但是，由于它们在电子产品中很常见，因此我们需要更详细地分析其检测方法。

1. 螺钉、螺栓和螺母

螺钉、螺栓从形状定义，通常具有与螺纹旋具形成表面接触的特定标准图案的圆形轮廓（图4.17）。在机器视觉中螺钉和螺栓的检测所面临的主要问题是它们的尺寸小，表面光滑程度高。由于其尺寸较小，因此需要高分辨率摄像机或可移动摄像机（如安装在机器人上）来获得原始图像。螺钉头部的细节通常是用有源深度传感器检测不到的。闪亮的表面意味着更大的外观变化，因为这种表面会反射出光源、背景和其他部件的光，以及自身的表面变化。因此，需要基于边缘进行检测，并且对于外部显著边缘（由改变的位置、方向，或者螺钉头形状引起的变化的光反射）是稳健的，或者是非常快速的，其能够与已知实例的大型数据库进行比较。与产品和组件检测不同，螺钉、螺栓检测必须对颜色的变化不太敏感，因为这种紧固件是由一系列材料和颜色制成的，并且可能由于生锈而改变颜色。

图 4.17　报废产品中的各种螺纹紧固件

螺栓和螺钉的检测结果是鼓舞人心的，Rolando Cruz-Ramírez 等人[5]的检测结果中螺钉的检测率为98%。且将不同角度拍摄的多个图像整合后，可以获得较高的检测率[23]。两种方法都展示了关联信息的策略性使用，首先找到所包含的元素（车轮[5]或天花板梁[23]），然后使用该元素选择性地提取高分辨率的图像区域来检测小紧固件。如图 4.18 所示[5]检测中同时使用了螺栓的形状和对称的几何布局作为识别依据，因此排除了仅适合形状标准的众多其他候选图像区域。对于"时间多图像积分"方法[23]的准确度，可通过沿着天花板梁的方向每米拍摄 30 个图像，并且对来自多个图像的数据进行融合以提高准确性。

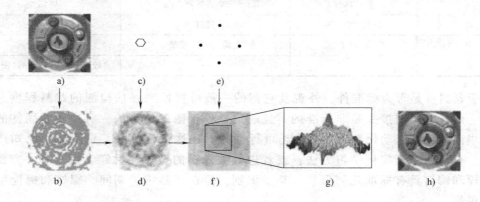

图 4.18　螺栓检测

a）捕获的图像　b）公差表现　c）以简单的方式学习子对象　d）用于子对象识别
的 2D 累加器　e）分组子对象　f）用于识别整个物体的 2D 累加器
g）2D 累加器用于识别整个物体　h）对象-原型叠加在输入图像上

2. 电线电缆

电缆通常会在图像中十分明显，这是由于它们具有对比鲜明的颜色；但是它们也是柔性的且仅在特定位置上进行固定。因此，在使用和拆卸过程中，电缆很可能会改变形状。在检测中，应使此类改变既不会影响其自身的检测，也不会影响产品或其他组件的检测。有源深度传感器对较细的电缆通常是无法检测或难以检测的。电缆的特征在于具有：①一种固定不变的颜色，②一个固定不变且有限的宽度，③一个通常明显长于宽度的长度。但是，这些规则也有例外情况，如带状电缆和双绞线。由于电缆在图像中通常以大范围颜色的形式存在，因此需要一种对颜色变化不敏感的检测方法。目前的研究文献中很少有说明电缆检测方面的相关结论。Gil 等人[18]采用基于霍夫变换的方法，只检测导线的直线部分（图 4.19）。这对于仅会被切割的某些位置是足够的，但是用检测每根导线中尽可能多的小截面的方法并不能检测那种完全弯曲的导线。Hohm 等人[22]建议将尺度空间滤波用于检测电缆。

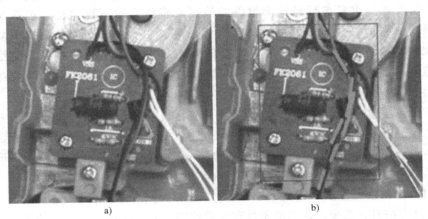

a)　　　　　　　　　　　　　b)

图 4.19　基于霍夫变换的电缆检测方法[18]

a）捕获的图像　b）处理过的图像

　　除了柔性（由此造成的不规则形状）之外，电缆检测的另一个主要问题是许多非电缆对象（如刻线、光反射边缘）共享电缆的同一特征。图 4.20 所示为位于边缘之间的薄片区域的检测结果，这更适合于检测电缆的弯曲部分，但是结果显示出了上述问题导致的无法接受的误报率，而这种情况也没有能通过其他方法得到解决。

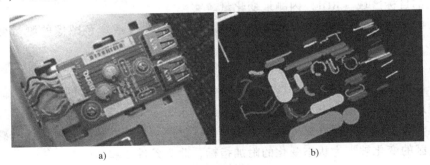

a)　　　　　　　　　　　　　b)

图 4.20　针对边缘处扁平区域的电缆检测

a）捕获的图像　b）处理过的图像

　　在电缆检测时需要采取进一步措施，以达到工业应用所需的鲁棒性。通过确定它们表面形成的规则形状，可以避免许多误报。潜在的解决方案还包括通过主动测试电缆的柔性来确保电缆识别的准则。最后，应该相对于它们的安装附着点来识别电线的存在信息或位置信息，这些也可以使用主动方法来确定。

4.4.4 用于操作监控的拆卸状态检测

我们需要根据拆卸装置上存在的主要部件来定义拆卸状态，特别是当整个部件或其重要部分已经被拆分并相对其原始位置发生了明显的移动、状态转换时。拆卸状态变化是当前拆卸操作成功与否的关键依据，一般只有在执行了充分的拆卸操作后才会发生。状态变化的检测是用于拆卸操作监控的识别功能的。有两种检测状态变化的可选方法：①绝对方法和②相对方法。

绝对方法是通过重复执行对特定组件的检测来多次获取属性信息，包括其位置和存在性。如果检测到一组全新的属性，则指示状态更改。该方法在产品结构更复杂的情况下会有更大的灵活性，然而在拆下一些重要部分之后，且部件的某些部分仍然存在的情况下，可能会出现逻辑歧义，剩下的部分可能被错误地认为是新组件并导致对产品结构的误解。

相对方法是通过检测属性值相对于原始值的变化量来进行测量和判断的。在检测到组件的属性值之后，开始衡量其增量的变化。这种方法解决了绝对方法中的模糊问题。相对方法多用于（半）破坏性拆卸，因为组件中的某些部分在执行足够的拆卸操作后仍可能残留一部分。针对 LCD 屏幕的项目案例研究，下面重点介绍相对方法的应用。

1. 相对方法的检测算法

使用相对方法时，系统发现当前条件和先前状态与初始时刻所检测到的原始条件之间存在明显变化，就表明检测到状态发生改变。深度信息更具有决定性，因为它代表了组件的物理几何形状，并且受外部因素的影响较小。然而，由于深度传感器存在测量误差、某些部件的相对高度差较小及深度数据中有盲区，因此需要将彩色图像合并进行分析以弥补这些缺陷。一旦检测到新的状态，系统就会将该状态标记下来，并将新属性存储为基准值，然后将随后的条件与该基准值相比较，直到下一个状态发生变化。在条件定义中，标记的基准将使用下标标志和与当前条件相关联的图像进行检查。为了忽略不相关的环境影响，仅在包围主要组件的局部目标区域（ROI）内测量变化量。

式（4.23）表示用于确定状态变化的条件。当来自深度或彩色图像的测量变化量分别超过阈值 Φ_{depth} 和 Φ_{colour} 时，就认为检测到状态变化。

$$stateChange = (diff_{depth} \geq \Phi_{depth}) \vee (diff_{colour} \geq \Phi_{colour}) \tag{4.23}$$

对于深度图像，用于拆卸状态改变的指标是第二图像中特定区域的高度 z 值低于标记图像上的对应区域的高度值，此为条件 1，参见式（4.25）的 φ_1。这些区域表示已卸除组件的体积。由于表面反射，深度感应技术也容易出现盲区。尽管在这些区域中没有感测到深度信息，但盲区的变化被视为状态变化的附加指标，此为条件 2 和条件 3，参见式（4.26）和式（4.27）的 φ_2 和 φ_3。盲区的显著变化意味着表面变为具有对比反射特性的区域。与深度图像（$diff_{depth}$）相关的总测量差值是满足至少一个上述变化条件的像素数量与局部 ROI 内的像素数量之比，参见式（4.24）。

$$diff_{depth} = \frac{\sum_I I(\varphi_1 \vee \varphi_2 \vee \varphi_3)}{S_I} \tag{4.24}$$

$$\varphi_1 = (z_{i,flag} > z_{i,checkz}) \tag{4.25}$$

$$\varphi_2 = (z_{i,\text{flag}} \notin \phi_{\text{blind}}) \wedge (z_{i,\text{checkz}} \in \phi_{\text{blind}}) \qquad (4.26)$$

$$\varphi_3 = (z_{i,\text{flag}} \in \phi_{\text{blind}}) \wedge (z_{i,\text{checkz}} \notin \phi_{\text{blind}}) \qquad (4.27)$$

式中，φ_i 为第 i 个条件；I 为特定 ROI 的像素；S_I 为 ROI 的大小；z_i 为 z_F 方向的高度；ϕ_{blind} 为组件表面上的盲区。

使用 HSV 颜色空间中的基于颜色的直方图比较来测量彩色图像（$\text{diff}_{\text{colour}}$）的状态差异。直方图（$H_k$）由 H 和 S 两个通道构成，以减少照明光源的影响。$\text{diff}_{\text{colour}}$ 由式（4.28）和式（4.29）得出，它们是从中测量直方图相似性的相关方程中导出的。

$$\text{diff}_{\text{colour}} = 1 - \frac{\sum_I [H_{\text{flag}}(I) - \overline{H}_{\text{flag}}][H_{\text{check}}(I) - \overline{H}_{\text{check}}]}{\sqrt{\sum_I [H_{\text{flag}}(I) - \overline{H}_{\text{flag}}]^2 \sum_I [H_{\text{check}}(I) - \overline{H}_{\text{check}}]^2}} \qquad (4.28)$$

$$\overline{H}_k = \frac{1}{N} \sum_I H_k(I) \qquad (4.29)$$

式中，N 为直方图小矩形的数量；I 为本地 ROI 的像素；H_{flag} 为原始条件的直方图；H_{check} 为当前条件的直方图。

为进行应用实例研究，我们通过从 LCD 屏幕样本中非破坏性地拆卸主要部件来进行初步测试。关于式（4.23），取 $\Phi_{\text{depth}} = 50\%$ 和 $\Phi_{\text{colour}} = 75\%$ 的阈值足以正确区分 95% 样本中的状态变化。状态变化的一个例子如图 4.21 和图 4.22 所示。但是，根据组件的几何形状，这些标准会有轻微的变化。

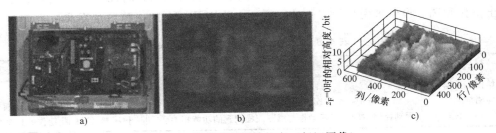

图 4.21　状态变更原始状态（标记图像）
a）一个彩色图像　b）深度图像　c）2.5D 深度图

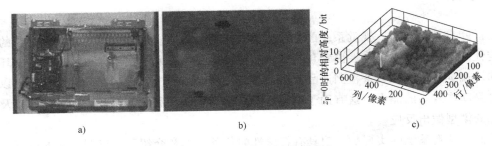

图 4.22　状态更改和组件被分离
a）一个彩色图像　b）深度图像　c）2.5D 深度图

2. 结论分析

深度标准对大多数样本中的状态变化识别是足够的。然而，由于深度传感器的限制，这些标准在以下两种情况下会出现失败：①当被拆卸的部件与传感器分辨率或噪声相比没有明显的高度差时；②当产品包含多个反射组件时，其中大部分位于盲区下方。在这些情况下，可能会产生有效像素数量不足，从而导致漏报的情况。如果在每对组件类型之间存在足够的色差，则颜色标准对于状态变化检测是稳健的。在案例研究中，发现较弱的标准能够解决深度标准所遇到的问题。然而，在破坏性拆卸过程中偶尔会发现不准确的评估，这是因为感测到的颜色受到灰尘和烟雾的影响。总之，颜色检测和深度检测在状态变化的监控中都是有效的，并且两者是可以相互弥补的。

4.4.5　可扩展性

到目前为止，只讨论了有关拆卸过程的要求。由于产品市场的快速发展，拆卸系统（和相应的视觉系统）不应该是一成不变的，而应该用易于扩展的方式来满足未来的要求。软件开发的目的是减少实现新功能所需的工作量。在这种情况下，模块化编程非常有用。此外，扩展功能的能力应该尽可能保持开放：这是示教学习系统的潜在发展方向，也可以应用于视觉系统。没有任何视觉系统可以保证完美，如果能够在没有专业知识的情况下进行必要的调整，就可以节省很多时间。

当数据库用于模板匹配或训练机器学习系统时，操作者可以方便地向数据库添加新实例数据、标记错误或添加更正的功能。为此，操作者还需要访问机器人感知到的信息。这就需要一个图形用户界面（GUI）来显示从环境感知到的信息和机器人的意图，以及提供用户输入功能。预期的动作：可以通过将动作位置数据叠加到所感知到的视觉信息上来实现。这对于安全操作和调试设备来说是很有用的。表4.8总结了GUI的一些潜在要求和功能。

表4.8　考虑到可扩展性的GUI的要求

信息	功能	其他需求
原始传感数据 检测结果 预期的动作	添加一个阳性示例 标记一个错误，或者分类一个页样本示例 手动控制（高级：将新动作与感测或检测到的功能相关联）	易于理解 操作简单，易于添加新项 传感器、检测器、动作的其他要求

4.5　小结

在拆卸自动化方面，视觉系统的主要优点在于使拆卸系统能够应对拆卸期间存在的大量不确定性因素。这些不确定性因素包括批量和产品型号，以及使用阶段可能存在的损坏或维修改动。视觉系统应该具备检测产品及其适当变型、产品中的组件和紧固件的能力，以及验证其自身动作效果的能力。这有助于拆卸系统自动对拆卸样品的偏差、无效的动作以及可能看不见的模型做出反应。

然而，视觉系统的实现是一项具有特殊性的任务。本章介绍了传感器技术的概况，然后对现有的常用技术进行了文献综述。那些具有积极成果的研究都灵活地采用了相关技术的组合，这些技术利用了特定任务的具体特征和要求，并综合考虑了其他组件和特征的相关信息。最后一节概述了拆卸自动化检测任务的特征和要求，以及面向拆卸自动化的视觉系统的可扩展性要求。

参 考 文 献

[1] WEIGL-SEITZ A, HOHM K, SEITZ M, et al. On strategies and solutions for automated disassembly of electronic devices [J]. The International Journal of Advanced Manufacturing Technology, 2006, 30 (5-6): 561-573.

[2] SCHOLZ-REITER B, SCHARKE H, HUCHT A. Flexible robot-based disassembly cell for obsolete TV-sets and monitors [J]. Robotics and computer-integrated manufacturing, 1999, 15 (3): 247-255.

[3] TONKO M, SCHURMANN J, SCHAFER K, et al. Visually servoed gripping of a used car battery [C]// Proceedings of the 1997 IEEE/RSJ International Conference on Intelligent Robot and Systems. Innovative Robotics for Real-World Applications. IROS'97. New York: IEEE, 1997, 1: 49-54.

[4] TONKO M, SCHURMANN J, SCHAFER K, et al. Visually servoed gripping of a used car battery [C]// Proceedings of the 1997 IEEE/RSJ International Conference on Intelligent Robot and Systems. Innovative Robotics for Real-World Applications. IROS'97. New York: IEEE, 1997, 1: 49-54.

[5] BÜKER U, DRÜE S, GÖTZE N, et al. Vision-based control of an autonomous disassembly station [J]. Robotics and Autonomous Systems, 2001, 35 (3-4): 179-189.

[6] FONTES Y C, BRANDÃO D. Application of stereoscopic vision for disassembly line of electronics devices [C]//2010 9th IEEE/IAS International Conference on Industry Applications-INDUSCON 2010. New York: IEEE, 2010: 1-6.

[7] SERRANTI S, GARGIULO A, BONIFAZI G. Characterization of post-consumer polyolefin wastes by hyperspectral imaging for quality control in recycling processes [J]. Waste Management, 2011, 31 (11): 2217-2227.

[8] FREITAG H, HUTH-FEHRE T, CAMMANN K. Rapid identification of plastics from electronic devices with NIR-spectroscopy [J]. Analytical letters, 2000, 33 (7): 1425-1431.

[9] KHOSHELHAM K, ELBERINK S O. Accuracy and resolution of kinect depth data for indoor mapping applications [J]. Sensors, 2012, 12 (2): 1437-1454.

[10] STOYANOV T, MOJTAHEDZADEH R, ANDREASSON H, et al. Comparative evaluation of range sensor accuracy for indoor mobile robotics and automated logistics applications [J]. Robotics and Autonomous Systems, 2013, 61 (10): 1094-1105.

[11] FOIX S, ALENYA G, TORRAS C. Lock-in time-of-flight (ToF) cameras: A survey [J]. IEEE Sensors Journal, 2011, 11 (9): 1917-1926.

[12] VIGGIANO J A S. Comparison of the accuracy of different white-balancing options as quantified by their color constancy [C]//Sensors and Camera Systems for Scientific, Industrial, and Digital Photography Applications V. New York: International Society for Optics and Photonics, 2004, 5301: 323-333.

[13] BRADSKI G, KAEHLER A. Learning OpenCV: Computer vision with the OpenCV library [M]. New York: O'Reilly, 2008.

[14] SICILIANO B, SCIAVICCO L, VILLANI L, et al. Robotics: modelling, planning and control [M]. New York: Springer Science & Business Media, 2010.

[15] VEZHNEVETS V, SAZONOV V, ANDREEVA A. A survey on pixel-based skin color detection techniques [J]. Proc. Graphicon, 2003, 3: 85-92.

[16] VONGBUNYONG S, KARA S, PAGNUCCO M. Application of cognitive robotics in disassembly of products [J]. CIRP Annals, 2013, 62 (1): 31-34.

[17] KOVAC J, PEER P, SOLINA F. Human skin color clustering for face detection [M]. New York:

IEEE, 2003.

[18] GIL P, POMARES J, DIAZ S T P C, et al. Flexible multi-sensorial system for automatic disassembly using cooperative robots [J]. International Journal of Computer Integrated Manufacturing, 2007, 20 (8): 757-772.

[19] CANNY J F. A computational approach to edge detection, Readings in computer vision: issues, problems, principles, and paradigms [J]. IEEE Trans. Pattern, 1987: 1021-1034.

[20] WEIGL A, HOHM K, SEITZ M. Processing sensor images for grasping disassembly objects with a parallel-jaw gripper [C]//TELEMAN Telerobotics conference. New York: IEEE, 1995, 80: 831-971.

[21] WITKIN A. Scale-space filtering: A new approach to multi-scale description [C]//ICASSP'84. IEEE International Conference on Acoustics, Speech, and Signal Processing. New York: IEEE, 1984, 9: 150-153.

[22] HOHM K, HOFSTEDE H M, TOLLE H. Robot assisted disassembly of electronic devices [C]//Proceedings. 2000 IEEE/RSJ International Conference on Intelligent Robots and Systems (IROS 2000) (Cat. No. 00CH37113). New York: IEEE, 2000, 2: 1273-1278.

[23] ROLANDO CRUZ-RAMÍREZ S R, MAE Y, ARAI T, et al. Vision-Based Hierarchical Recognition for Dismantling Robot Applied to Interior Renewal of Buildings [J]. Computer-Aided Civil and Infrastructure Engineering, 2011, 26 (5): 336-355.

[24] FRAUNDORFER F, SCARAMUZZA D. Visual odometry: Part ii: Matching, robustness, optimization, and applications [J]. IEEE Robotics & Automation Magazine, 2012, 19 (2): 78-90.

[25] LOWE D G. Distinctive image features from scale-invariant keypoints [J]. International journal of computer vision, 2004, 60 (2): 91-110.

[26] HERBERT B T T, GOOL L V. Surf: Speeded up robust features [C]//9th European conference on computer vision. Berlin: Springer, 2006, 3951: 404-417.

[27] AGRAWAL M, KONOLIGE K, BLAS M R. Censure: Center surround extremas for realtime feature detection and matching [C]//European Conference on Computer Vision. Berlin: Springer, 2008: 102-115.

[28] KRIG S. Computer vision metrics . Apress. manual in preparation, P. (2016)[J]. Mpeg7 data set, 2014: 2548-2555.

[29] HARRIS C G, PIKE J M. 3D positional integration from image sequences [J]. Image and Vision Computing, 1988, 6 (2): 87-90.

[30] ROSTEN E, DRUMMOND, T. Machine learning for high-speed corner detection [C]//European conference on computer vision. Berlin: Springer, 2006: 430-443.

[31] CALONDER M, LEPETIT V, STRECHA C, et al. Brief: Binary robust independent elementary features [C]//European conference on computer vision. Berlin: Springer, 2010: 778-792.

[32] ALAHI A, ORTIZ R, VANDERGHEYNST P. Freak: Fast retina keypoint [C]//2012 IEEE Conference on Computer Vision and Pattern Recognition. New York: IEEE, 2012: 510-517.

[33] GALLEGUILLOS C, BELONGIE S. Context based object categorization: A critical survey [J]. Computer vision and image understanding, 2010, 114 (6): 712-722.

[34] JØRGENSEN T M, ANDERSEN A W, CHRISTENSEN S S. Neural net based image processing for disassembling TV-sets [J] Systems Engineering Association, 1996: 213-216.

[35] KARLSSON B, JÄRRHED J O. Recycling of electrical motors by automatic disassembly [J]. Measurement science and technology, 2000, 11 (4): 350.

[36] VIOLA P, JONES M. Rapid object detection using a boosted cascade of simple features [C]//Proceedings of the 2001 IEEE computer society conference on computer vision and pattern recognition. CVPR 2001. New York: IEEE, 2001, 1: I-I.

[37] KOPACEK P, KOPACEK B. Intelligent, flexible disassembly [J]. The International Journal of Advanced Manufacturing Technology, 2006, 30 (5-6): 554-560.

[38] VEZHNEVETS V, SAZONOV V, ANDREEVA A. A survey on pixel-based skin color detection techniques [J]. Graphicon, 2003, 3: 85-92.

[39] CHANG F, CHEN C J, LU C J. A linear-time component-labeling algorithm using contour tracing technique [J]. Computer vision and image understanding, 2004, 93 (2): 206-220.

[40] LAMBERT A J D F, GUPTA S M. Disassembly modeling for assembly, maintenance, reuse and recycling [M]. London: CRC press, 2004.

第 5 章

认知机器人

报废（EOL）产品的不确定性和多变性是导致自动拆卸中动作规划和拆卸操作十分复杂的重要原因，并成为拆卸自动化的主要障碍。而自动化拆卸相对于手动拆卸而言，仍是缺乏灵活性和鲁棒性的。在本章中，我们将首先说明认知机器人的原理，并介绍其在拆卸自动化过程中的实现方式，以及通过模拟人类操作的方式来克服相关问题的方法。此外，本章将介绍关于拆卸域的方法、框架和认知功能。

5.1 自主机器人与认知机器人

自主机器人是指具有一定自主能力的智能机器人，它们能在极少或没有人指导的情况下执行任务。智能代理（IA）执行任务是指根据感知到的动态环境信息来完成决策。认知机器人包含了高级认知功能[1]，可以理解、修改和感知不可预测的环境变化，并以其鲁棒性和自适应的方式对环境进行响应并完成目标[1]。Müller[2] 阐述了经典人工智能（AI）的特点、在复杂空间中的认知系统特性、呈现任务的复杂性，以及其与环境复杂性之间的作用关系。智能代理复杂度空间如图 5.1 所示，在此图中，竖轴是"灵活性"，代表了代理程序处理复杂环境的能力；而横轴是"具体任务成功度"，代表处理复杂任务的能力。经典 AI 在非复杂环境中能有效地执行复杂任务，而认知系统则具有相反的特征。认知功能使认知系统可以在复杂环境中有效地执行简单任务。认知机器人与经典 AI 结合使用，就会使得整个系统在动态环境中变得更加灵活和可靠[2]。

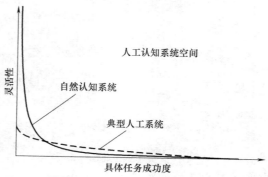

图 5.1　智能代理复杂度空间[2]

认知机器人能采取各种方式。当机器人面对不完备知识场景时，一个较为实际的方法是基于知识表达和知识推理（KRR）来解决问题[3]。环境知识会用一种机器人能推理和控制其自身行为的形式来表达。机器人使用传感器和执行器与环境进行交互，使用基于逻辑的高级编程语言来表达行为。程序产生与条件相对应的动作序列：初始状态、原始动作的前提条件和影响、外生事件及感测结果。因此，机器人能够以一种可靠和自主的方式与外部世界进行交互。

将认知机器人与经典人工智能区分开来的另一个重要特征是其与人类相互作用的方法，认知机器人是一个交互而不是控制的过程，能提高系统的智能化和灵活性水平[2]。该结构是基于一个闭环的"感知-动作"循环过程，如图5.2所示[4]。机器人的行为由三个主要元素组成：①学习和推理，②规划和认知控制，③知识模型。机器人通过传感器和执行器来完成其与外部世界的交互，并分别与感知和动作相关联。人类被定义为是外部世界的一部分，可以与环境和机器人进行交互。这种架构最初是作为"认知工厂"的一部分来进行设计和构想的，在这种模式下，人类操作者和自动化系统以一种充满柔性、可靠且安全的方式协同进行工作。

近年来，认知机器人在许多领域得到了广泛的研究与应用。"认知工厂"是认知机器人在工业体系中最先进的应用之一。该项目由 CoTeSys（认知技术系统）开发，主要是把认知机器人应用

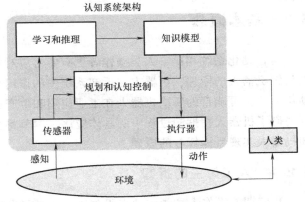

图 5.2 具有闭合感知动作循环的认知系统架构[4]

于工业活动，特别是生产过程[5]。该项目整合了生产的关键活动：①系统监控与规划，②材料和零件的条件，③工件总成，④人机合作，并逐步实现了认知机器人的四个主要功能，即感知、学习、认知和规划。这些功能使机器人能够对产品生产进行监视，并把组装工作开展之前所获取的先验知识应用于整个组装过程中。学习模块使系统能够自我优化，并从过去的事件中获得更好的装配顺序。因此，规划模块可以自主地寻找到最佳的操作顺序。在技能获取、自适应和自我建模方面，认知工厂具有足够的灵活性，能够与各种产品一起运行。与传统制造相比，认知工厂能够在生产线上实现更高的生产率和灵活性，如图5.3所示[6]。

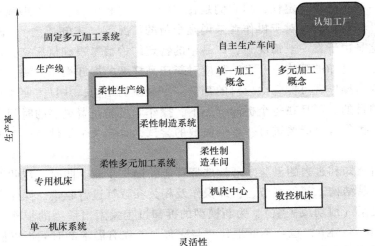

图 5.3 各种制造类型在生产率和灵活性方面的分类[6]

在拆卸领域，人们使用经典 AI 进行了大量关于自动拆卸电池的研究。但是，在处理规划和操作层面所涉及的产品性能变化方面的问题时，系统整体的灵活性还是相对有限的。由于认知机器人的上述优点，这些概念可用于处理拆卸域的不确定性。拆卸过程可以被认为是认知机器人系统与外部世界的相互作用。

5.2 基本概念

与自动化系统相比，人类操作者更有能力应对报废产品自身存在的不确定性。因此，根据认知机器人的原理，机器人在拆卸系统中的作用是模仿人类动作的一种具体形式。对这些动作的模拟可能帮助解决机器人在工业应用和生产过程中的不确定性问题，因为就是这些问题妨碍了机器人在拆卸过程中的具体应用。本节将介绍人类操作者的常见行为，以及使用认知机器人实现目标任务的原理。

5.2.1 人工为主的拆卸

我们期待操作人员能主动克服前述拆卸过程中的不确定性。他们根据以往的专业知识进行决策，并通过过去的经验来对当前的情况做出判断和分析。由人类操作者执行的拆卸过程具备足够的灵活性和鲁棒性。首先，由人类直觉所引导的拆卸过程应具有足够的灵活性，他们可以处理任何产品模型，无需具体细节的相关知识（例如产品的结构和部件数量），而可以在执行过程中获得这些信息。其次，就鲁棒性而言，手动拆卸的成功率相对较高，因为手动操作能够评估每一步的成功率。因此，在任务完成之前，具体策略的失败会促进人们尝试使用一些替代方法。这两个特征使操作人员能够以更少的限制来拆卸更大范围的产品。

上述方式在实际拆卸过程中能满足多种产品型号。该过程的效率因操作者所具备的已有知识的差异性而有所不同。如果操作者事先知道相关的拆卸信息（已知型号），通常可以有效地完成拆卸操作。而且该拆卸任务往往可以很快地执行，几乎不需要什么尝试，这是因为具有先前的经验，人们对整个拆卸过程中所需的基本步骤已经了然于胸了。虽然在拆卸过程中可能还存在一些小的不确定性，但它们是在实际操作过程中很容易处理和解决的。

另一方面，在产品模型对于操作者来说是全新的情况下（未知模型），拆卸作业中的困难就会增加。这是由于在一般情况下，产品中的特定结构信息很难从厂家直接获取，于是操作者就会尝试运用已知的策略来开发一种应对新产品模型的拆卸操作方法。这一过程往往是比较困难的，因为操作者可能每次应对的都是一个全新的结构，并且需要通过不断尝试和试错来实现最后的目的。而且在每个拆卸状态下，操作者可能花费更多的时间来定位或识别主要部件。此外，操作者可能要进行一系列失败的尝试，直到某个组件被成功地移除并进入下一个状态。

操作者凭借感知和过去的经验来理性选择可能的操作步骤。同时，在此过程中操作者对相关信息，如产品结构、部件细节、拆卸操作及相关参数等进行收集。操作者通过考虑行为与后果之间的关系（成功或失败），为新模型的拆卸过程摸索出适当的步骤。操作者的知识库（Knowledge Base，KB）也会不断地建立与完善，并在有需求的时候得以使用。该过程在所有拆卸状态下不断重复，并在达到目标状态时完成。当成功拆卸一定数量的样品以后，操作者就会积累到足够的经验，以至于以后遇到类似情况的时候能够有效地拆卸相关模型。拆卸过程中的人工操作行为如图 5.4 所示。

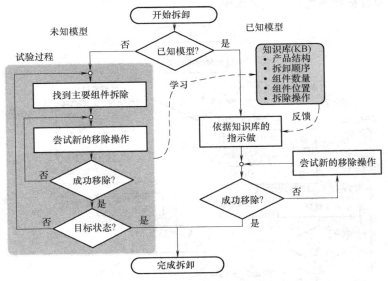

图 5.4　拆卸过程中的人工操作行为

根据这种行为，操作者的一些特性会直接影响拆卸过程中的灵活性和鲁棒性，现在对这些特性总结如下。

1）在拆卸过程中能够感知产品结构。

2）能够评估每个操作的结果，并在第一次尝试失败的时候执行替代操作。

3）具备灵活的操作方案，并且这些方案可以适用于其他在物理结构上类似的组件。

4）能够从过去的经验中学习，并且在面对从未遇到的情况时能够采取有效的措施。

在作者的研究项目中，这些特征是利用认知机器人原理来模拟的，这在以下部分中会进行说明。

5.2.2　仿效人类行为的代理程序

上述类人行为需要适应于闭合的"感知-动作"循环的总体架构和自动化功能，在考虑自动化技术的局限性时，将被引入到行为控制中，以帮助机器人处理无法解决的情况。认知机器人代理（CRA）首先在知识库中查询是否存在每个样本的已有知识。如果某个模型第一次出现（即属于未知模型的时候），代理[9]会根据当前状态下检测到的元件信息，通过一般性的操作方法来执行试探性拆卸操作，并通过使用不同的操作策略和过程参数，经过多次尝试来执行拆卸过程。当所有可用的替代方案已经用完时，就需要用到人工辅助功能。最后，系统把与该模型相关的操作知识存储在知识库中。如果再次发现相同产品型号（已知），系统就可以从知识库中调取相关的知识。在这种情况下，系统就能遵循知识库中的默认程序执行。如果信息的变化和过程的不确定性导致了故障，系统就会要求提供额外的外部帮助来解决不确定性问题，并最终实现拆卸目标，如图 5.5 所示。

关于拆卸操作的流程，代理程序通过使用其对外部世界的知识及其相关行为参数来生成一系列处理动作，进而来控制整个系统在不同拆卸状态下的相关操作，这些动作由机器人实际执行。当部件从一个拆卸状态向另一个拆卸状态转变时，就存在两种情况，要么是主要部件从原始位置被成功地移除，要么是充分组合的拆卸活动已经实施完毕。整个步骤贯穿于产品的初始状态和目标状态之间的全过程中。

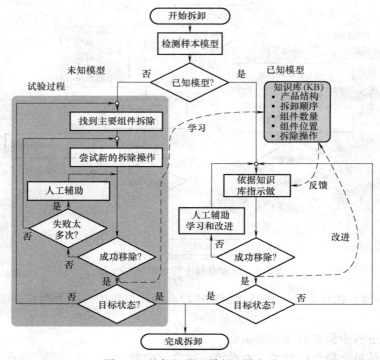

图 5.5　认知机器人模拟人类行为

从代理程序可获得一定的产品信息，由于过程和产品状况往往是不确定的，实际拆卸操作过程就会受到这些非确定性因素的影响，因此，这种自动化的过程被认为是一个开放式执行模式，因为不完整的知识需要在拆卸操作过程中进行检测。

5.3　系统架构与认知功能

5.3.1　操作模块和不确定性

拆卸过程中的不确定性通常是由待拆卸产品的变化特征所引起的。各种类型的不确定性应该由系统的相关模块进行有效处理。模块之间的连接状况和要解决的不确定性如图 5.6 所示，并总结在表 5.1 中，相关模块说明如下。

1. 认知机器人模块（CRM）

该模块是一个人工智能程序，它是根据产品和工艺的认知功能与相关知识，最终来控制整个系统的动作行为的。认知功能由认知机器人代理来表达，并与其他模块和知识库产生相互作用。代理主要处理与组件数量及其连接有关的产品结构方面的多样化问题。这些变化导致了拆卸顺序规划（DSP）和拆卸工艺规划（DPP）中出现了不确定性。

2. 视觉系统模块（VSM）

物理世界的信息通常主要由视觉系统获取。该模块设计用于处理组件外观变化的不确定性，其主要功能是获取底层组件的信息，并检测每个部件的数量和位置。

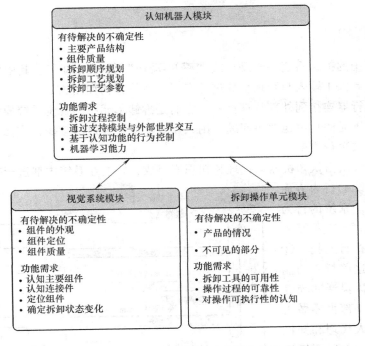

图 5.6　机器人拆卸系统的规格总结

表 5.1　拆卸过程中的不确定性

不确定性	具体问题的不确定性	模块		
		CRM	VSM	DOM
报废条件	物理条件			•
各种产品属性	主要产品结构	•		
	组件中的物理外观		•	
	组件数量	•		
	组件位置		•	
工艺规划和操作中的复杂性	拆卸顺序规划	•		
	拆卸工艺规划	•		
	拆卸工艺参数	•		
	不可检测物体的不确定性			•

此外，在操作监控的过程中应使用可视化输入方法，以确定物理操作的成功与否。

3. 拆卸操作单元模块（DOM）

操作单元包括与产品直接接触的驱动器和传感器，其主要功能是拆卸用于连接主要组件的连接件，并从产品中分离特定组件。为了达到上述目的，工业机器人的末端通常配有可更换的拆卸工具和夹具。此外，还安装了力和触觉传感器，以用于增强系统对那些对拆卸过程很重要、却又无法观测到的信息的处理能力。尽管破坏性拆卸方法对于报废产品状态的变化不是很敏感，并且降低了连接组件的拆卸复杂性，但是我们必须考虑到报废产品处理方式的理想效果。

5.3.2 系统架构

本研究项目中的拆卸系统基于反馈式"感知-动作"循环架构[4]，其中的认知机器人模块通过拆卸单元和人工输入与物理世界进行交互，系统架构如图5.7所示。认知机器人模块通过传感器和执行器连接到外部物理世界，它们是拆卸单元中的视觉系统模块和拆卸操作单元模块。如果系统无法自主地解决问题，则人类专家能够通过示教操作或修改产品和生产过程中的初始参数来进行协助[7]。

认知机器人模块由认知机器人代理和知识库组成，它们在系统内部进行交互。认知机器人代理在控制系统的行为方面发挥着重要作用。系统的行为通过四个认知功能来进行表达：①推理、②执行监控、③学习和④改进。这些核心功能有助于拆卸系统以灵活和稳健的方式对动态的外部世界做出反应。认知机器人代理和知识库的交互，是通过对所要拆卸的报废产品的相关知识进行查询或修改来实现的。认知机器人代理由通用程序和规则组成，用于一般拆装过程。同时，知识库包含更具体并针对产品型号的信息。

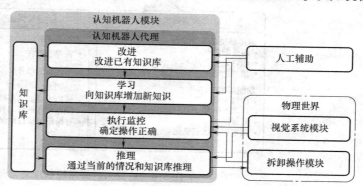

图5.7 认知机器人视角下的系统架构

1. 推理

拆装过程用一些"选择点"来表示，认知机器人代理就是通过这些点来驱动系统的拆装操作，直到目标得以实现。这些点是根据预定义的规则、传感器检测到的拆卸状态、操作监控模块检测到的拆卸操作的成功或失败及知识库中的已有知识来确定的，而推理方法被用于改进这些选择点。因此，认知机器人代理可以通过拆卸操作模块对外部世界进行逻辑响应。

2. 执行监控

该功能根据预定义的规则，衡量在规划和操作层面上拆分某个特定组件的成功概率。在规划层面，由视觉系统模块提供有关拆卸状态变化的信息，这些信息主要用于在拆卸过程中确定产品的主要结构。在操作层面，推理功能对执行器分配任务返回的结果进行适当的参数调整，并对接下来的学习任务和计划进行修正。

3. 学习

该功能通常涉及与特定模型相关的知识，这里的"特定"是指与某一产品或特定型号相关的信息。这种知识是在拆卸过程中获取的，并有助于将成功拆卸组件的重要经验及时地存储在知识库中。而后，认知机器人代理就可以在后续过程中使用这种知识来拆卸已知的（拆卸过程中试验成功的）模型。这些知识可以有两个来源，即从推理过程和人工示教中获取。

4. 改进

此功能用于修改知识库中的现有知识，目的是提高对预先知道模型的新样本的拆卸效率。如从预设的过程中删除某些冗余操作，从而提高拆卸效率。

此外，可以使用协助功能来纠正一些造成元件拆卸失败的初始操作指令，同时系统会根据传感器的感知信息自主建立正确的决策过程。由于传感器性能的局限性，系统可能会产生一定程度的误差，从而导致产品和操作存在着一定的偏差。

作为一种更先进的方法，认知机器人代理具有改进自身方案的能力，并且能够根据获取的新知识对其一般行为（非特定模型行为）进行改进。但是，应该注意的是，这种自我修正功能尚未在拆卸自动化过程中得到执行。

5. 知识库

知识库包含与拆卸工艺规划（DPP）相关的知识，用于一般产品模型和特定产品模型的拆卸过程。系统在拆卸未知模型的情况下使用一般知识，这种知识由约束和相关参数所组成，并与通用规则一起被存储起来。作为对比，在拆卸已知模型时我们通常会使用与模型相关的特定知识。该知识包括①拆卸顺序规划、②拆卸操作规划和③过程参数。知识库将在学习和改进的过程中不断被扩充和完善。

5.3.3　语言框架与交互

通常，认知机器人代理使用基于情景计算的认知机器人框架进行建模[8]。IndiGolog 是为系统建模而选择的编程语言，该语言的主要优点是支持在线执行，并且支持传感功能和外源性行动，外源性行动能够使代理处理从外部世界获取的不完整知识[9]。IndiGolog 可以在各种语言平台上实现。在作者的研究项目中，我们选择了 Prolog[10]。Prolog 是 AI 中广泛使用的逻辑和声明语言。Prolog 还有一个推理引擎，用于从给定的规则中找到解决方案。这个特征使得研究人员能够开发出处理复杂问题的系统。与命令语言相比，Prolog 的代码较为简单，并更有能力处理复杂的问题。根据高级编程语言 IndiGolog 的特点，认知机器人代理和全局状态可用"行为规范"和"域规范"进行建模。

"行为规范"被定义为执行复杂动作以实现期望目标的过程。控制结构将过程语言控制结构（条件语句、测试、循环语句、动作序列和子过程）与不确定性结构一起用于规划和搜索（参数的不确定性选择、并发、中断和搜索）。所有这些成分决定了代理的行为，并通过在拆卸域中删减不确定性因素来缩小搜索空间。

"域规范"代表的是全局过程变量，这是一个一级术语，通常称为"场景"（situation），是在认知机器人代理内执行的一系列动作。全局属性是用一个称为"状态"（fluent）的谓词来表示的。状态的变化是用"后继状态公理"（successor state axioms）来表征的，以描述状态、行动和前提条件之间的相互关系。当所定义的前提条件得到满足后，状态变量的值会在执行相应的动作之后动态地改变。状态的后继状态公理函数 f 可以定义为 $f[\vec{x}, do(a, S)]$，其中自由变量 $\vec{x}$ 将是在先决条件 S 成立的前提下，通过执行动作 a 来改变其自身的值。这些动作分为三种类型：①原始动作、②感测动作、③外生动作。

原始动作就是为了执行任务而进行的基本动作，包括从内部修改系统变量到通过改变物理操作来影响外部环境等诸多方面。感测动作是为了获取信息而执行的一种动作，特别是通过传感器从外部世界获取信息。外生动作则是对外部世界发出的动作响应。

所有这些类型都可用于全面描述系统和世界的行为。认知机器人模块由域规范和行为规范进行建模，根据行为规范定义和使用原始动作，并根据执行的动作和感知到的信息来更新信息状态。因此，根据所感测到的外部世界的状况，认知机器人模块会执行相应的任务。

如图 5.8 所示，模块之间的通信是通过抽象信息来进行交流的，信息主要是以动作和状态变量的形式来表示的。

由于内部状态需要外部世界的更多信息，因此感测动作将会被发送到相应的模块。随后，感测结果会以状态变量的形式发送回认知机器人模块。状态变量的数据结构会因传输的模块和信息的差异性而有所不同，其原理如图 5.8 所示。

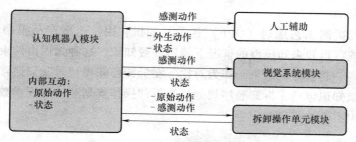

图 5.8　与动作和状态变量的交互

通过视觉系统模块获得的组件位置可以用 $box(x_1, x_2, y_1, y_2, z_1, z_2)$ 表示。原始动作通常被发送到拆卸操作单元模块以请求物理操作，例如，在特定位置 $cut(x, y, z)$ 进行切割。当执行完成以后，状态变量通常会被发送回认知机器人模块，并告知操作者初始操作的成功与否。接着，在人工辅助的情况下，外部行为将被发送给认知机器人模块。示教也可以表现为状态的形式。

一旦从相应模块接收到状态的结果，认知机器人代理就会继续运行直到所需的任务顺利完成。该操作流程如图 5.9 所示。通常，这种控制结构足以完成一些较为复杂的过程（如自动拆卸）。然而，通过利用 IndiGolog 模块的其他特征（如并发和中断），系统可以将控制结构改进到更为有效和复杂的程度。

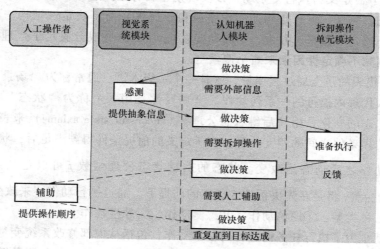

图 5.9　常用操作流程概述

总之在模块之间相互作用的一般框架中，抽象信息以动作和状态的形式传输，可以根据场景演算来明确定义。应当说明，这种语言框架只是在考虑具体编程语言时的一个总体性指导。

5.4 基本行为控制

认知机器人代理的主要功能是根据推理和执行监控的认知功能来对搜索空间进行修正。搜索空间是描述由于规划和操作的变化而形成的拆卸过程的数据域。对于新的产品型号来说，往往缺少有关产品和过程的相关信息。因此，搜索空间的处理往往采用足够宽泛的通用策略，以便适用于各种型号的产品。这些通用策略通常不包括具体行动，因为它们往往要根据需求，在人工示教的过程中进一步获取。

5.4.1 拆卸域

表5.1对上述不确定性进行了总结，这也是认知机器人代理在拆卸新产品型号时所必须应对的变化。这些变化可表示为关于动作序列的搜索空间中可能的选择点。通过采用适当的参数并执行足够的动作来移除特定组件，拆卸状态就会发生转换。这些选择点可以分为两个层面：拆卸状态层面和操作层面。

对于拆卸状态层面而言，整个拆卸过程可表示为等同于DSP的拆卸状态图，如图5.10a所示。拆卸状态处理对应产品的主要结构，决策均基于所检测到的组件性质做出。这个过程可认为是一个较高级的规划器，而相应的拆卸操作都在每个拆卸状态之内的较低层面上进行。在操作层面上，选择点是由与主要组件类型有关的操作和参数层次结构来表示，如图5.10b所示。完整的搜索空间说明如下。

1. 产品结构和组件类型

主产品结构是指主要部件和连接部件的布置关系。结构的变化可以体现在同一产品系列内的不同型号中。这里将拆卸状态定义为在特定时间内检测到的一组主要部件。

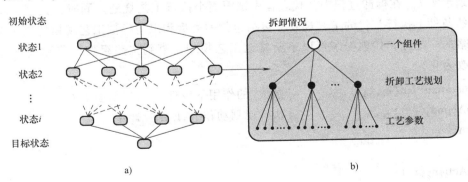

图 5.10　拆卸域中的选择点

a) 拆卸状态层面　b) 操作层面

通过跟踪拆卸状态，可以获得完整的主要产品结构。视觉系统检测属于每个拆卸状态的组件，以获得四类抽象信息：①主要部件的类型，②主要部件的数量，③连接组件的类型，④连接组件的数量。

例如，可以从图5.11a所示的检测结果获得图5.11b所示的最小形式的关系图。该关系图显示了两对主要组件之间的连接。PCB-1 和托架通过 6 个螺钉连接，PCB-2 和托架通过 5 个螺钉连接。产品结构重建的准确性在很大程度上取决于视觉系统识别组件的准确性。

因此，我们不需要事先知道具体的产品结构。这种灵活性降低了对预先定义产品结构的需求，而产品结构信息又是在报废产品处理设备中很少能获取的。

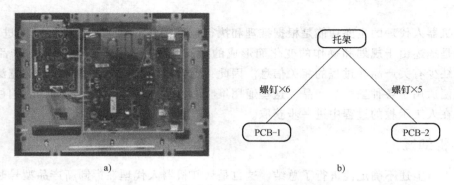

a)   b)

图 5.11　拆卸状态下的产品结构的表示
a）一个处于拆卸状态的被检测的组件　b）最小形式的关系图

2. 拆卸工艺规划

在操作层面上对单个主要组件进行处理时，旨在从产品的其余部分中分离出它们。工艺规划为实现此任务提供了多种可能的选项。拆卸工艺规划是对主要组件的相关连接部分进行拆卸的包括一系列原始动作的拆卸过程。当所有相应的连接部分都已经拆卸完成之后，主要组件也就可以被移除了。不同型号的主要组件通过不同位置的连接组件来进行固定，其中一些连接方式无法通过视觉检测的方式来获取。因此，有必要针对每种类型的主要部件开发多种拆卸工艺规划，而且这种规划与组件的损坏程度及拆卸过程的成功率密切相关。

工艺规划的一般形式反映在程序（5.1）中，它表示了在一组参数 $\bar{t}$ 的作用下组件 c_i 的一种规划参数 k。在拆卸过程中，代理程序试图逐个执行工艺规划。同时，代理程序也可以在不同的条件下执行替代的工艺规划，包括组件的类型和以前类似工艺规划的成功率。作为试错策略的一部分，代理程序可以不断修改工艺规划，直到主要组件被移除（即直到状态出现更改为止）。

$$
\begin{aligned}
&\text{Proc operationPlan}(c_i, k, \bar{t}) && \text{//参数 } \bar{t} \text{ 的作用下组件 } c_i \text{ 的规划参数 } k \\
&\quad \text{primAction}_1(t_1); && \text{//执行规划动作 } t_1, t_1 \in \bar{t} \quad t_1 \in \bar{t} \\
&\quad \text{primAction}_2(t_2); && \\
&\quad \ldots && \\
&\quad \text{primAction}_n(t_n); && \\
&\text{endProc}
\end{aligned}
\tag{5.1}
$$

3. 过程参数

在预设约束限制的范围内进行拆卸时，过程参数的变化也会生成选择点。过程参数（例如切割深度）与执行低级操作的原始动作直接相关。为了删除组件，代理程序在工艺规划中执行原始动作，改变每个相关参数的值，直到组件被成功移除。如果参数值不能预先确定，则需要采用试错法。临界值通常是未知的，这是因为有两个不确定因素：不可见的物体和操作的误差。一个典型例子是对塑料盖的破坏性拆卸。隐藏的卡扣紧固件位于盖子下方，需要通过切割操作进行分离。由于紧固件位置既不能预测，也不能被检测到，因此需要通过尝试和错误步骤来找到临界切割深度。此外，切割过程中的刀具磨损会对精确找到切割点带来不确定性。因此，更改参数值的能力会增加操作的鲁棒性和灵活性。

对参数值的预定义约束包括最大允许切割深度、从零件边界开始的最大偏移、最大进给和切割速度。参数通常可以在连续范围内变化。为了减少可能的选择点数量，我们提供了一组离散形式的可能性选择方法。式（5.1）说明了以简单集合表示的这种选择方式。关于代理程序的逻辑推理，选择方法也可以表示为一组先决条件（初始值和最终值）和规则（逐步改变的策略），例如式（5.2）。

$$\text{process parameters} = \{a_1, a_2, a_3, \cdots, a_n\} \tag{5.1}$$

$$z_{\min} \leqslant z_{\text{cut}} \leqslant z_{\max} \text{ 和 } z_{\text{cut}} = z_{\text{old}} + \Delta z \tag{5.2}$$

5.4.2　推理

在人工智能领域，推理是自动规划所使用的主要功能之一。智能代理程序在给定约束的条件下自主地执行包括初始状态和实现目标状态在内的全过程，并对代理和外部世界进行模型化处理。目前已有许多推理技术被广泛使用[11]。本节只对基于规则的推理做简要介绍，并强调其与外部环境进行信息交互的必要性。当然，我们可以使用所提出的理论框架，并应用更复杂的推理方法。

根据认知机器人结构，代理程序可以通过推理每个拆卸状态的条件来对搜索空间进行修正。这些条件分为四类：①表示规划和操作的拆卸域，②传感器感知到当前拆卸状态的条件，③零件移出操作的成功与否，④有关特定产品模型工艺的知识。

鉴于这些不同的情况，我们应重新考虑图 5.10 所示的拆卸域。图 5.12 所示为更具体的版本，并强调了其中的一个拆卸状态。

对于一个未知的产品型号，智能代理程序在整个拆卸过程中会根据试错结果进行拆卸。在规划层面上，代理程序对每个状态下检测到的主要结构和主要组件进行推理。组件之间的连接方式及其处理方法都需要预先进行定义，并保存到数据库中。在这种情形下，代理程序往往会使用基于规则的启发式搜索策略。首先以人类专家根据每个产品系列做出的预先定义为代理程序的一般性指导。为了确定规则的正确性，同时兼顾各个产品的特异性，代理程序还必须权衡系统的成功率和灵活性之间的关系。具有高度针对性的具体规则可以有效处理已知的特定产品模型，但是不太可能用于指导未知模型的拆卸。因此，这些规则集合只适用于主要组件已经存在的情况，且组件的存在可以通过传感器的检测来获得，还要求其存在性可以作为不完备知识的前提条件。

当然，关于各个状态下组件被成功检测的可能性问题，我们可以通过建模过程来进行预测。

如式（5.3）表示：如果组件的规则（rule_k）条件被满足，则系统处理该组件。换言之，如果检测组件 $c_i \sim c_n$，但是组件 $c_j \sim c_m$ 被忽略，则处理组件 c_k。要处理的每个组件都需要一套完整的规则。

$$\text{rule}_k : (c_i \wedge c_{i+1} \wedge \cdots \wedge c_n) \wedge \cdots \wedge (\neg c_j \wedge \neg c_{j+1} \cdots \wedge \neg c_m) \rightarrow \text{treatment}(c_k) \tag{5.3}$$

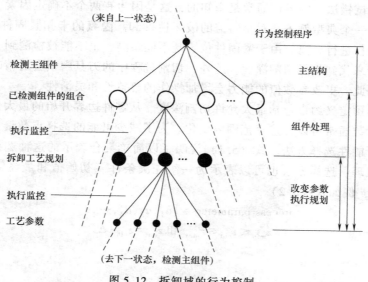

图 5.12　拆卸域的行为控制

式中，$c_k \in \{c_i, \cdots, c_n, \cdots, c_j, \cdots, c_m\}$

建立规则后，认知机器人代理能够分别对相应的拆卸工艺规划及其工艺参数进行说明。并通过对拆卸工艺规划过程中的参数进行选择来达到修正的目的，直到与目标相关的所有可用选项已用完为止。每个拆卸状态的目标是分离特定的部件。在组件未被分离的情况下，代理程序回到程序中寻找下一个可用的工艺规划，并修改新工艺规划中的相应过程参数。这种修正过程可以被认为是一个深度优先搜索过程。在物理操作之后进行的执行监控过程有助于确定组件是否已经被分离。在达成目标后，认知机器人代理返回到规划层面，并决定下一个待处理的主要组件。

这个过程不断持续直至达成最终目标，即整个产品被成功拆卸。该组件处理过程可以用程序（5.2）来说明。

```
Proc treatComponent(c_i)                //处理组件 c_i
    while( !state Changed )              //重复操作直到状态不变
        operationPlan(c_i, k, t̄)         //按参数 t̄ 执行工艺规划 k
        removeComponent                  //尝试移除组件
        detectStateChange                //执行监控判断是否成功
        if( ! stateChanged )             //如果移除组件失败
            then vary(k) ; vary(t̄)      //改变工艺参数
        endIf
    endWhile
endProc
```
(5.2)

对于已知的模型，代理会根据先前操作所构建的知识库中的知识来执行任务。该过程会以从一个状态直接转移到另一个状态的方式进行，并且付出最小的试错代价。然而，组件的检测和执行过程的监控对于维护系统的鲁棒性和灵活性仍然是必要的。代理程序需要适应由于过程不确定性和产品变化所引起的一些变化，并且这些变化在达到特定拆卸状态之前可能一直处于未知状态。

因为这是一个不可逆转的过程，因此在推理中面临一个挑战。当处理可逆过程（如非破坏性拆卸）时，代理程序可以直接回溯到其他选项。在这种情况下，如果特定操作失败，代理可以从当前环境返回到与尝试失败操作之前相同的条件。接下来的操作将会继续进行尝试。对于破坏性操作，组件如果损坏，则可能会引入新的不确定性，从而导致更复杂的回溯条件。这些不确定性只能通过采用其他策略来解决，包括统计推理方法、能够检测损害的物理模型或感测技术，以及能够处理多种不确定性的工艺规划。

5.4.3　执行过程的监控

执行监控是闭环控制的一个重要功能，而闭环控制的目的是对运行过程和拆卸操作进行及时反馈。在这种情况下，执行监控在规划和操作层面上执行，其结果是显示成功或失败。需要说明的是，电动机传感器层面的运动控制不在此范围内。

规划层面的执行监控涉及拆卸域中的主要结构（见图5.12）。在每个拆卸状态下，需要根据推理过程确定当前主要组件是否已经在处理过程中被分离。因此，如果移除成功，则代理程序进入下一个状态。否则，代理将使用拆卸规划和其他可用选项的参数执行试错任务。程序（5.2）中展示了一般的执行监控。视觉系统通常是基于检测组件的变化来评估分离过程的。如果发现被拆卸对象的视觉图像从体积和外观上发生了显著的变化，那么该过程就被认定为是成功状态。

在操作层面上，执行监控侧重于操作过程对物理约束的可执行性。所拆卸组件的可达性已成为复杂产品中的难题。为了以准确的位置和方向接近对象，需要准确获取拆卸工具的模型和工作环境，即待拆卸产品的剩余部分。该知识可以通过产品和工具的预定义几何模型特征来获得，也可以通过传感器感知执行操作时的实际信息。然而，由于两种情况下的物理不确定性，信息的失真可能会时有发生。因此，我们需要使用对结果的反馈来解决该问题。由于这种不确定性涉及视觉上无法检测的物理条件，因此可使用力和触觉传感器来感知这些有关联的信息。随后，代理将使用备选的可用过程参数来尝试执行当前的工艺规划。如果执行是在没有任何崩溃的情况下完成的，则考虑规划层面中的下一个操作。

执行监控在未知和已知模型情况下均可实现，特别是在未知的模型案例中至关重要，因为相关信息很少具有先验已知特性。在试错过程中，当遇到有关学习过程的内容时，知识库将根据当前执行的规划、操作和过程参数来构建关键信息，并在状态发生变化时及时收集关键信息。在模型已知的情况下，代理具有相似的行为，但是执行的频率较低，因为对大多数产品模型的构建都是在首次接触时才开始的。因此，学习过程是通过不断改进的方式来推动和进行的。以下部分（即"高级行为控制"）将具体介绍学习和改进的过程。

5.5　高级行为控制

高级行为涉及认知机器人代理的学习和改进过程[12]。其主要目的是收集在当前拆卸过程中所提取的重要信息，并有效地再现相同的拆卸结果。根据基本行为，高级行为体现在拆卸过程中计划和执行的每一个层面。随着学习过程，知识首先是在构建未知模型的过程中所获取的。接着在改进过程中，当已知模型被识别时，利用现有知识，代理程序会不断获得更多的知识来改进现有知识库以提高其性能。每次拆卸已知模型时，知识库都会更新与改进，且这些更新与改进活动均会自主进行。此外，人工操作者还需要处理认知机器人代理不能自主执行的一些复杂情况。

在本节中，我们将首先对知识库进行说明，然后再对两个认知功能，即学习和改进进行介绍。作为学习和改进的一部分，我们还会对帮助功能进行介绍。

5.5.1 知识库

为了实现有效拆卸，我们可以通过对以往拆卸过程的总结来确定与产品和工艺相关的信息（如主要部件的规格、其连接部件和拆卸方法），而代理程序将根据这些信息进行拆卸。这样就可以有效减少由于进一步的试错而导致的时间消耗和冗余操作，知识库中表示拆卸域中选择点序列的知识就能够在拆卸过程中得到有效应用。

组件的位置及其对应工具的执行坐标数据是重要的工艺参数。为了准确地确定具体位置，目前所提出的学习和改进方法主要适用于特定模型，而不是具有普遍性的规则。由于组件的位置是任意的，因此特定模型的知识会因具体对象而不同，且取决于每个模型的特定设计。只有应用特定模型的特定知识，才能获得较高的拆卸成功率，因为这种知识是从成功的拆卸案例中直接获得的。这种对拆卸过程的修正可能会在不断改进的过程中得以实现。

在知识库文件中，根据每个特定的产品模型，知识以结构化数据的形式进行存储。在作者的项目中，鉴于 IndiGolog 的兼容性问题，知识是以 Prolog 程序语言的形式描述的。Prolog 的推理引擎用于将输入请求与存储在知识库中的相应事实进行匹配。考虑到实际工业场景中的大量模型，知识库的预计容量是十分巨大的，需要予以关注。因此，本项目研究中的知识库被设计为紧凑形式，并且以可再现过程中相关信息的方式存储。知识库仅存储有益于单个操作和整个拆卸过程特性的参数临界值。考虑到 IndiGolog 的语法，代理程序将 Prolog 实例中的每个元素视为状态变量。根据拆卸域，知识和实例分为两个层面：产品层面和组件层面。实例类型总结在表 5.2 中。

表 5.2 知识库中的实例

知识层面	输入请求	实例
产品层面	模型	拆卸顺序规划
	改进版本	特定产品结构
组件层面	模型	组件位置
	改进版本	通用工艺规划（自主生成的）
		工具执行位置
		其他工具相关参数
	主要组件实例	附加工艺规划（人工辅助的）
		自定义的原始操作
		工具执行位置
		其他工具相关参数

1. 产品层面的实例

产品层面主要表示了基于产品结构和拆卸顺序规划（DSP）即拆卸工艺的总体概况，代理程序可以遵循这些过程来实现既定的目标。代理根据输入请求在知识库中搜索相应的知识，并基于两个输入请求确定适当的知识集合：模型和改进。代理程序模块只有识别出模型才能遵循已有模型的规划。如果代理程序从未见过这个模型，则第一个改进版本（rev）的知识体系将被建立起来。相反，如果这个模型被多次拆卸过，那么最新版本的知识将被采用和改进。有关 Prolog 的定义可见式（5.4）。

$$\text{dspInKb}[(\text{model}, \text{rev}), \text{sequencePlan}, \text{structureType}] \tag{5.4}$$

式中，$\text{sequencePlan} = [c_1(1), \cdots, c_k(i)]$；$c_k(i) = \text{compType}_k(i)$。

之后，这些输入请求将与拆卸顺序规划的相应知识相匹配。拆卸顺序规划由状态的 sequencePlan 变量来表示，它代表要处理的主要组件的索引序列。例如，$\text{sequencePlan} = [c_1(1), c_2(1), c_3(1), c_3(2), c_4(1), c_5(1)]$ 表示了分离 5 种主要组件的顺序，其中可发现两个 c_3 类型的组件。所述 $\text{compType}_k(i)$ 表示第 k 个类型的主要组件与系数 i 的关系。

此外，特定的结构类型（structrueType）可用于识别具有相似特征的产品模型，例如主要组件的类似顺序。这些知识提供了额外的信息，来帮助代理程序在推理过程中有效地实现拆卸过程。在第 6 章的案例研究中将会给出这方面的例子，以便明确处理主要组件的顺序。

2. 组件层面的实例

组件层面存储关于指定组件处理的相关信息。它给出了组件物理上的规范知识和相关操作。代理根据三个输入请求匹配相应的事实，包括模型、改进和组件类型（compType）。这些请求与产品级别的事实有关，其中从 sequencePlan 获取要处理的当前主要组件 $\text{compType}_k(i)$。

关于处理过程的知识包括了表示位置和相关操作的三个部分。首先，组件相对于产品坐标系（compLocation）的相对位置用作确定意向区域（RIO）的参考，而 ROI 可用于检测状态的变化。其次，操作的详细信息存储为 $\text{Plan}_{\text{general}}$ 和 $\text{Plan}_{\text{addon}}$，分别代表通用工艺规划和附加工艺规划。每个主要组件的知识可用式（5.5）表达。

$$\text{planInKb}[(\text{model}, \text{rev}), \text{comType}_k(i), \text{comLocation}, \text{plan}_{\text{general}}, \text{plan}_{\text{addon}}] \tag{5.5}$$

对于通用工艺规划，知识最初是通过自主的试错过程来生成的。要执行工艺规划，代理程序模块将使用与现有定义的总体规划相结合的知识。总体规划的知识见式（5.6）。这里只对关键过程参数进行存储，以便最大程度减小知识库的容量。要说明的是，知识通过两种类型的参数进行表示，即 Φ 和 Γ。其可用来再次生成初始动作状态。

$$\text{plan}_{\text{general}} = (\vec{\Phi}_0, \vec{\Gamma}_0, \Phi_1, \Gamma_1, \cdots, \Phi_u, \Gamma_u, \cdots, \Phi_n, \Gamma_n) \tag{5.6}$$

Φ 表示工艺规划的临界值所限定的拆卸工具的执行位置，其相对于主要组件的位置可以根据原始特征以紧凑的形式表示。Γ 表示执行操作时使用的其他工具的相关参数，它包含一组描述工具具体拆卸方法的参数，如方向、进给速度等。初始运行状态可以使用这些参数来表示；例如，在临界深度处的矩形切割路径：$\Phi = \text{rect}(x_1, y_1, x_2, y_2, z_c)$，辅以刀具方位 m、进给速度 s。用轮廓矩形切割函数 $\text{cutContour}()$，则初始运行状态为 $\text{cutContour}(x_1, y_1, x_2, y_2, z_c, m, s)$。

对于附加工艺规划，知识是在拆卸过程中遇到特定问题时，由人工辅助解决问题而产生的。具有关键参数的初始运行状态是以 $\text{primAction}(\Phi, \Gamma)$ 的形式直接进行存储的，见式（5.7）。

$$plan_{addon} = [\, primAction_1(\varPhi_1, \varGamma_1), \cdots, primAction_n(\varPhi_n, \varGamma_n)\,] \tag{5.7}$$

5.5.2 学习

学习过程就是收集成功拆卸特定产品的相关经验知识的过程，这些知识可用于为先前见过的模型再现相同的拆卸结果。基于主要组件均按照相同顺序进行处理的假设，拆卸操作均会达成相同的拆卸结果。同时，对各主要组件的操作被认为是具有命令独立性的。因此，在操作层面会发生一些变化，并且存在改进的可能性。本质上，在学习过程中，即使在操作完成后拆卸状态未立即更改，所有执行的操作也都需要被记录。我们所做的假设是，所有执行的操作对即将到来的状态变化均有贡献，除非有证据显示存在冗余现象。如果冗余现象确实存在，那么我们在改进过程中要及时进行处理。正常形式的学习仅在新模型被首次识别的情况下进行，此后的学习体现在不断改进的过程中。在本节中，主要介绍两种正常的学习形式，即推理和示教。

推理学习行为伴随着整个试错过程。根据总体规划和基本行为，代理程序自主地进行知识的获取。根据知识库的原理，除了通过示教学习产生的附加操作规划（$plan_{addon}$）之外，每种类型的事实都会在计划和操作的不同阶段中产生。

对于产品层面的知识，当完成整个拆卸过程之后，所有知识元素都会被获取。首先，一旦检测到新的主要组件，该组件将被连续添加到状态变量 sequencePlan 的列表中。然后，结构类型可以在确定分类标准后进行说明。根据每个产品的不同，分类标准可能会有所差异。目前而言，该分类策略需要在开始进程之前由用户预先定义。然而在未来，为了提高系统的灵活性，通过应用示教策略来改进认知机器人代理，在拆卸过程中添加新结构类型将成为可能[13]。

对于组件层面的知识，鉴于上述关于冗余操作的讨论，那些将导致状态改变的临界值，或者进入下一工艺规划之前的最后一个动作是需要进行学习的。这些信息将在执行监控之后得到学习。如果拆卸状态发生变化，则将当前规划和参数记录为临界值，并进入下一状态。如果拆卸状态没有改变，则记录当前的参数，代理会尝试备用参数或工艺规划。在这种情况下，将对已存储的信息进行改进，并且只保留每个工艺规划参数的最终值。在所有可用的总体规划已执行或拆卸状态已更改后，所有的必要参数都会被存储在知识库文件中。

5.5.3 基于示教的学习

基于示教的学习过程采用实例的方法。由操作者演示外部动作，并尝试去解决难以解决的问题。当代理程序尝试了所有可用的自主操作来分离组件而无法成功时，该示教行为就可以呈现为一系列初始行为的形式。此外，该行为可以用于改进代理程序在错误理解下所执行的初始动作。从理论上讲，协助只能帮助处理首次拆卸未知模型时所面临的复杂情况。代理程序会从这个示教过程中学习知识，并在下次遇到同样模型时自主地执行整个过程。但是，由于产品和过程在物理特性上的不确定性，接下来的拆卸过程可能要借助一些人工协助，以便处理一些小的不确定性问题。

这些问题与组件层面的操作活动有关。问题无法解决的情况通常是由各种检测过程中传感器的性能缺陷所引起的。该问题可分为三种类型，包括①对组件的检测错误、②组件定位不准确和③未能检测到组件。在自主操作完成后，需要进行适当的调整以解决这些问题，见表5.3。

表 5.3 借助协助功能解决问题

问题层面	问题无法解决的情况	问题类型			传感器	
		视觉系统的误检测	定位不准确	检测不到	视觉	力(触)觉
组件	组件存在与否	●			●	
	组件位置		●		●	
	对状态变化的检测	●			●	
操作	工具执行操作的位置			●	●	
	存在不完全拆卸的连接	●	●		●	
	与外界物体的物理碰撞			●		●

1. 检测错误

检测错误与视觉系统直接相关。错误的阳性检测样本或阴性检测样本都会影响到对组件的存在情况和拆卸状态变化的推理过程。一旦外界信息被检测到，有关当前拆卸状态的条件将在代理中进行初次创建。然而，这种错误的检测结果很可能会导致后续操作中在逻辑和物理上的错误。

误判为阳性的检测结果（例如把不存在的元件检测为存在）会导致系统执行本来不该执行的任务。对于主要的和起连接作用的组件而言，这种不当处理可能会对组件造成较大的损坏。由于代理程序认为某个组件存在，其可能会尝试很多方法来分离实际根本不存在的组件，这无疑会损坏产品并浪费时间。当拆卸状态发生变化时，代理程序将意识到组件已经分离成功，而实际上该结果并没有发生。在这种情形下，代理程序对产品主要结构的逻辑理解将是错误的。用户可以通过式（5.8）给出解决方案，即通过手动指示的方式来跳过该组件，并使状态变化的判断为真。

$$stateChanged = true \tag{5.8}$$

相反，误判为阴性的检测结果（例如把存在的元件检测为不存在）会导致系统错过需要执行的任务。对于主要组件，这会使其得不到正确处理，也不会被分离，而与主要组件相关的拆卸状态也会被跳过，人工解决问题的动作见式（5.9）。因此，该组件仍将附着在产品上，并阻止系统在后续状态下访问该组件，而代理程序关于主要产品结构中主要组件的认知也可能出现偏差。对于连接组件，其较小的尺寸和视觉上的遮挡也可能导致较高的误判结果，而这种检测错误将会导致连接组件未经处理（如连接件未去除）情况的出现，使得主要组件无法成功分离。由于拆卸状态已改变，代理程序当然也不会意识到组件已经被分离。因此，它将不断尝试从而导致无限循环，因为在这种情形下不可能发生实质性的变化。

$$action = skipComponent \tag{5.9}$$

2. 定位不准确

定位不准确问题发生在组件被正确检测（真阳性）之后。组件的位置由视觉系统的检测算法来确定，而定位的准确性不仅与所使用的检测器性能有关，还与不同使用工况下所返回的报废产品的具体外在和内在条件相关。因此，在可接受的范围内，这些不确定性会造成一定的位置误差。组件的位置是初始条件，可用作确定状态变化的目标参考区域（ROI）。如果发生重大错误，原工艺规划就会受到严重影响。在这种情况下，我们就要依靠辅助功能来定义新的且较为精确的组件位置，见式（5.10）。

$$action = comLocation(<component\ location>) \tag{5.10}$$

工具操作位置涉及操作层面，受组件位置的推理过程和相应的工艺规划的共同影响。错误的操作位置将导致无法分离目标组件。除了代理程序的行为之外，还需要额外的操作来补偿这个位置错误。由于操作规划通常包含一系列初始动作，所以协助动作必须以与式（5.11）相同的形式给出。

$$action = (primAction_1, primAction_2, \cdots, primAction_n) \tag{5.11}$$

由于具体模型的特异性，每个执行的操作都需要单独存储在知识库中。因此，存储规模将根据协助次数而定。为了减小存储量，应该从产生类似结果的一系列动作中选择那个刷新了临界值的策略，这样就只有某个关键的动作才会保留在知识库中，而这种策略通常应用于破坏性操作，其中的变化量（即损坏）对被拆卸对象的影响是十分明确的。例如，在位置(x_0, y_0)上反复施钻直至深度到达临界深度。在这一过程中，往往是具有各种深度值的多个钻头$z_0, z_1, \cdots, z_k$在运转。假设其参数分别为：$z_0 < z_1 < \cdots < z_k$，则只保留具有最深切割值z_k的钻头的初始动作。初始和改进的动作参数序列显示在式（5.12）和式（5.13）中。

$$action_{original} = [cutPoint(x_0, y_0, z_0), cutPoint(x_0, y_0, z_1), \cdots, cutPoint(x_0, x_0, x_k)] \tag{5.12}$$

$$f(z_0 < z_1 < \cdots < z_k), action_{refined} = cutPoint(x_0, y_0, z_k) \tag{5.13}$$

3. 不可检测的组件

该类别是用来处理不可检测的物体，即预期是不可检测的或无法被传感器所检测的物体。在未知环境中，根据产品的变化情况，实际拆卸操作取决于传感器的检测能力而非先验知识。如果传感器不能完全描述环境，代理程序将无法执行正确的操作来达到拆卸目的。不可检测的连接和与其他组件的物理碰撞是主要问题。同时，这也会导致准确定位工具位置的难度。因此，式（5.11）中的初始动作序列必须作为一种协助的形式被给出。

对于连接，一个具有挑战性的问题是检测器如何识别和定位特定类型的连接组件。根据第4章的相关内容，连接可大致分为三种类型，包括：①半组件连接、②虚拟组件连接和③非组件连接。由于视觉可见，因此半组件连接中的组件可以较为方便地被检测，如螺钉、铆钉、卡扣和电缆等。然而，有些时候可能会出现部分遮挡或完全隐藏的情况，那么检测率就会相对下降。与此相反，由于尺寸和可观察性方面的问题，虚拟组件连接中的组件更难以被检测，如焊接。对于非组件连接而言。又如过盈连接、胶合、普通配合等，由于没有额外的连接组件，因此无法以可视的形式进行检测。总而言之，在绝大多数情况下组件间的连接不能被准确检测和拆卸。因此，对应的主要组件也不可移除。在这些情况下，我们应该提供辅助功能来定位和分离这些部件。

至于物理干涉方面，当机器人尝试接近要执行的对象时，可达性会受到物理方面的制约。在操作过程中，拆卸工具或机器人的一部分可能会与产品的其他部分发生碰撞。如果自动化的产品和移动路径能被精确建模和规划，则可以防止这种情况。因此，除了依赖视觉系统之外，我们通常还使用力-触觉传感器来增强系统的感知能力。然而，由于实时计算在内部和外部信息资源上的复杂性，这种建模和规划过程充满挑战性。因此，如果机器人在拆卸时无法解决碰撞问题，那么操作人员就应该介入并对工具路径进行适当的示教。

5.5.4 改进

改进过程旨在通过删除冗余操作来优化已知模型的拆卸过程，并减少已学习过的操作层面的实例，从而减小知识库中工艺规划存储量的大小，这样就可以大大提高执行任务的效率，特别是减少冗余操作的执行，因为这些操作对主要组件的移除效率意义不大。在未来，这个改进过程有望自主进行。

为了找出冗余操作，可以按照不同的顺序执行拆卸操作来重复每个主要组件的分离过程。通过这种变化的、重复多次的操作过程，就可以获得最佳的拆卸操作工艺。通过执行对过程的监控，就可以发现实现拆卸目标的最小操作子集。除非有冗余性证明，否则基于所有已执行的操作都有助于拆卸状态变化这一假设，取消所有冗余步骤就可以获得子集。冗余性可以通过不执行一些先前记录的操作来证明。如果通过执行当前集合的操作而成功地分离了主要组件，则分离的操作可能存在冗余。那么就应该对冗余工艺规划进行精减。知识库将基于模型的最新版本不断进行改进与更新，只要该模型最后被识别和学习，所有改进过的模型都将存储在知识库中。

冗余操作的一个例子如图 5.13 所示，其中从切口移除的最终材料仅与 $op(i, 2)$ 和 $op(i, 3)$ 相关，但所有这些都记录在学习过程中。而 $op(i, 1)$ 就可以反映出冗余现象，因为它的切割区域可以被另外一个或两个操作所覆盖。因此，操作 $op(i, 1)$ 被证明是可以排除的冗余操作，如图 5.13c 所示，或者不必在第一时间内被记录。

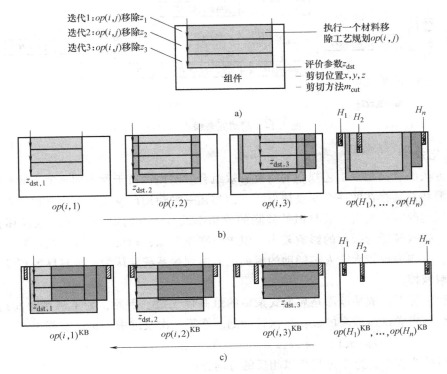

图 5.13　学习和实施中的切割操作

精减策略侧重于与总体规划相关的知识，因为它们是在反复进行错误尝试的过程中被自主创建的。因此，产生冗余的概率也相对较高。与附加工艺规划不同，人类操作者所展示的操作可能会更为具体，也更利于对相关组件的移除。我们可以假设在辅助过程中并没有出现冗余操作，并且仅考虑总体规划。

1. 一般方法

图 5.14 所示为通过重复先验拆卸过程中的一些所选操作来发现冗余操作的一般策略。首先，要实现对第一个改进版本中的一个组件的分离，需要按照以下顺序执行操作：$op(i,1) \rightarrow op(i,2) \rightarrow op(i,3) \rightarrow op(i,H)$。在第二个改进版本中，$op(i,H)$ 反映了在任何情况下执行附加工艺规划的顺序，其中，在每个过程中只会跳过一步工艺规划。如果组件被成功分离，则可以断定此操作是多余的，故而可将其从知识库中去除。在后续过程中，将从剩余的有效操作中再次执行一次操作。如果组件分离失败，则将考虑另一个工艺规划。这个过程将重复进行，直到所有规划的有效组合都经过测试。该策略能够通过缩小搜索空间来减少测试时间。

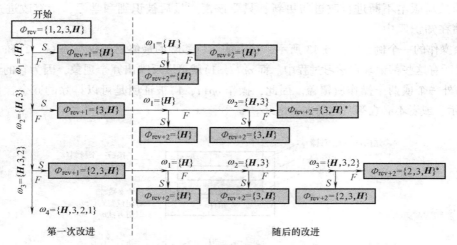

图 5.14 精减冗余操作的策略

2. 简化方法

一般方法能全面检查工艺规划的所有有效组合。然而，由于所需的重复次数较高而导致大量时间消耗是其存在的一个明显缺点。下面描述一种使用启发式的简化方法。在简化方法中，工艺规划的顺序被设计成与组件移除的成功率及对组件的影响（如物理损坏）直接相关。首先，指数较低的操作的影响较小，但成功率也偏低；相反，指数较高的操作的成功率相对较高，影响力也较大。人工辅助的附加工艺规划被系统默认为一种具体的行动，因而不会被自动精减掉。

在这种情况下，成功删除是启发式策略的最高优先级。因此，为了满足时间约束条件，代理程序会首先尝试以最高的成功率执行计划。在第一次改进中，执行顺序为

$$op(c,1) \rightarrow op(c,2) \rightarrow op(c,3) \rightarrow op(c,4) \rightarrow op(c,H)$$

在随后的改进中，这个过程将以相反的方向进行：

$$op(c,H) \rightarrow op(c,4) \rightarrow op(c,3) \rightarrow op(c,2) \rightarrow op(c,1)$$

经过执行监控的评估，可以通过精简所有低于当前运行指标的方案来简化拆卸策略，而不必考虑中间的工艺规划。例如，如果在执行 $op(c,H)$ 和 $op(c,4)$ 之后元件已被分离，则剩余的计划 $op(c,1) \sim op(c,3)$ 将被去除，而不用像在一般方法中那样需要考虑重新排序的影响。程序（5.3）所示为对样品模型组件 c_i 移除的程序。

```
Proc generalPlanRetraction
    <verDsp = j>                                    //目前改进版本 j+1 使用之前的版本 verDsp = j
    executeAddOnPlan( model, c_i );                 //执行知识库中的制定的工艺规划
    k = n;                                          //从最高级规划开始: k = n
    while !stateChanged ∧ k ≥ 1 do
        op( c_i, k );                               //执行知识库中的规划 k
        checkStateChange;
        if stateChanged then                        //如果状态改变, 撤销低级的工艺规划
            retractGeneralPlan( [ op( c_i, 1 ), …, op( c_i, k−1 ) ] );      (5.3)
        else k = k−1;                               //继续更低级的工艺规划
        endIf
    endWhile;
    if !stateChanged then callUser endIf            //如果失败, 增加更多制定的规划和学习过程
    writeToKb( planInKb( [ model, j+1 ], c_i,
        compLocationKb′, plan′_general, plan′_addOn ) )//向知识库记录改进版本 verDsp
endProc
```

　　总而言之，这种简化的方法可以比一般方法更快地找到和去除冗余操作。其缺点是在任何情况下，中间规划中的冗余操作都不能被精减。然而，这种简化的方法足以有效地改善工艺性能，因为操作规划是按照正确的顺序执行的。这个概念已经通过案例研究的实验得到了证明。

3. 认知机器人代理的自我改进

　　以前，改进操作是在知识库内完成的，这个过程与认知机器人代理是分开的。在这种情况下，认知机器人代理将改进其自己的程序，以便修正描述其行为的程序结构。代理程序从而可以更加灵活地从拆卸过程中学习和扩充工艺规划。最终，代理程序不会再过于依赖与模型相关的专有知识。按照一般性工艺规划，代理程序有望在没有辅助的情况下更有效地拆卸初次遇到的产品型号。根据布劳恩提出的示教学习方法[13]，同时考虑到示教操作和现有程序，知识库的版本空间可以用于促进 IndiGolog 程序的自我改进模式。作为学习过程的结果，系统将分析投入与产出的关系。投入是一种组件类型的感知信息，而输出结果是不可检测的连接，且我们需要对这种连接与相应的操作进行分离。而后，代理程序将能够根据所感知的信息执行正确的操作。

　　这种方法面临两个主要的挑战。其一，准确识别投入与产出之间的关系是这一概念面临的主要挑战。因为这些关系目前还难以准确识别。例如，显示器后盖的边缘与作为切割目标的、位于显示器后盖中间区域下方的隐藏卡扣之间是没有连接关系的。其二，认知机器人代理将根据训练样本以完全不同的方式进行推理。在实际的拆卸场景中，由于返回了报废产品，训练集具有可变性和不可预测性。因此，当代理接受了一定数量模型的训练以后，代理程序在操作层面进行合并操作就可能会变得异常复杂。迄今，这一概念还没有得到实际应用。

5.6 实施过程

为了将这种认知机器人模块集成在拆卸自动化的总体框架中，自动化系统就需要满足代理所需的功能要求。每个模块需求概况如图 5.6 所示。认知机器人代理是基于认知行为来进行设计的。此外，其他辅助模块的功能和性能也被考虑了进来。考虑到整个系统的整合，代理还会创建认知机器人模块。流程总结如下：①分析产品；②分析拆卸要求；③设计和评估所需视觉系统模块和拆卸操作单元模块；④创建拆卸域；⑤确定认知机器人模块功能；⑥估计每个模块所需的动作、状态、前提条件及效果；⑦由于操作的复杂性，使用过程中要对行为模式进行编程；⑧通过动作和状态程序将模块连接在一起。

在创建认知机器人模块之前，需要分析产品，并且需要确定所需的拆卸策略，并对辅助模块进行评估。对于认知机器人模块，应首先创建拆卸域，以便更清楚地掌握当前任务的工艺操作。之后，拆卸过程和操作的要求将通过认知行为来实现。需要设计四个认知功能来执行这些任务。从编程的角度来看，操作需要以动作、状态、前提条件和完成效果的形式来呈现。这些关系可以用来定义复杂行为过程并编写相关程序，而相关元素不仅与认知机器人模块相关，而且与视觉系统模块和拆卸操作单元模块相关。这样，各模块之间的通信方式就可以建立和准备好，并为整个自动化拆卸系统的操作服务。

5.7 小结

认知机器人的概念已被应用于许多研究领域。本章介绍了拆卸作业中认知机器人的实现方法，以便提高系统的灵活性和鲁棒性。简言之，具备认知能力使系统以更有效的方式来应对从外部世界获取知识的不完整性问题。因此，认知能力可以帮助我们解决产品和工艺操作中的不确定性问题。

首先，拆卸过程中的信息需要以认知机器人可以理解和利用的形式进行表达。知识表示和推理涉及拆卸区域的结构组织，而拆卸域是用来表达拆卸状态的。在这种情况下，拆卸域由产品结构、拆卸工艺规划和工艺参数三个层次所组成。认知机器人代理根据基本行为和高级行为对系统进行调控。对于基本行为而言，代理可以推理出拆卸过程，并为系统中的每个操作模块安排动作。为了使过程更具有鲁棒性，执行监控会被用于评估操作结果。当操作失败时，将使用备用操作和参数来完成目标。此外，由于采用了先进的行为、学习和改进策略，对先验模型的重复性拆卸也变得更加有效。

总之，拆卸过程中的大多数不确定性问题可以通过认知机器人的功能来解决。然而在实际拆卸过程中，系统的性能也依赖于其他操作模块，尽管它们或多或少地存在不够精确的问题。当然，这些因素可能会引入一些认知机器人无法解决的新问题。因此，我们需要通过人工辅助来帮助处理这些未解决的问题。不过，由于学习能力的提高，在一些改进工作完成后，预计人为介入活动会逐渐减少，并且该系统的运行将最终完全实现自动化。

参 考 文 献

[1] MORENO R A, ESPINO A L, DE MIGUEL A S. Modeling consciousness for autonomous robot exploration

[C]//International Work-Conference on the Interplay Between Natural and Artificial Computation. Berlin：Springer, 2007：51-60.

[2]　MÜLLER V C. Autonomous cognitive systems in real-world environments：Less control, more flexibility and better interaction [J]. Cognitive Computation, 2012, 4 (3)：212-215.

[3]　LEVESQUE H, LAKEMEYER G. Cognitive robotics [J]. Foundations of artificial intelligence, 2008, 3：869-886.

[4]　ZÄH M, VOGL W, LAU C, et al. Towards the cognitive factory [C] //2nd International Conference on Changeable, Agile, Reconfigurable and Virtual Production. Toronto：CARV, 2007.

[5]　BEETZ M, BUSS M, WOLLHERR D. Cognitive technical systems—what is the role of artificial intelligence? [C]//Annual Conference on Artificial Intelligence. Berlin：Springer, 2007：19-42.

[6]　BANNAT A, BAUTZE T, BEETZ M, et al. Artificial cognition in production systems [J]. IEEE Transactions on automation science and engineering, 2010, 8 (1)：148-174.

[7]　VONGBUNYONG S, KARA S, PAGNUCCO M. A framework for using cognitive robotics in disassembly automation [C]//Leveraging technology for a sustainable world. Berlin：Springer, Berlin, 2012：173-178.

[8]　MCCARTHY J. Situations, actions, and causal laws [R]. San Fran cisco：Stamford Artificial Intelligence Project, 1963.

[9]　LAPOUCHNIAN A, LESPE' RANCE Y. Interfacing IndiGolog and OAA：A toolkit for advanced multiagent applications [J]. Applied Artificial Intelligence, 2002, 16 (9-10)：813-829.

[10]　WIELEMAKER J, SCHRIJVERS T, TRISKA M, et al. Swi-prolog [J]. Theory and Practice of Logic Programming, 2012, 12 (1-2)：67-96.

[11]　GHALLAB M, NAU D, TRAVERSO P. Automated Planning：theory and practice [M]. Amsterdam：Elsevier, 2004.

[12]　VONGBUNYONG S, KARA S, PAGNUCCO M. Learning and revision in cognitive robotics disassembly automation [J]. Robotics and computer-integrated manufacturing, 2015, 34：79-94.

[13]　BRAUN A. Programming by demonstration using the high-level programming language Golog [D]. Aachen：RWTH Aachen University, 2011.

第6章

系统实施和项目研究

本章将详细阐述系统集成和拆卸系统每个模块的开发过程，并通过案例分析来说明认知机器人拆卸系统如何对我们所研究的实例产品——废旧液晶显示屏进行拆卸处理。最后，通过实验来验证系统的性能，以证明系统的灵活性和鲁棒性。

6.1 实施概况

拆卸系统的经济性是决定其能否在实际生产过程中得到应用的一个主要因素，也是自动化可取代高成本人力的一个主要原因。因此，我们的主要目标是开发一种既灵活又可靠且具有低成本优势的自动化系统。该系统需要能够处理产品和拆卸过程中的不确定性和多变性因素。为了开发自动拆卸系统，我们把相关过程总结为以下 6 个主要步骤：①产品分析和拆卸策略；②系统框架；③认知机器人模块；④视觉系统模块；⑤拆卸操作单元模块；⑥验证和性能测试。

首先检查要拆卸的产品以获得产品的主要结构和部件信息，该信息用于创建认知机器人代理所需使用的拆卸域。同时，我们还要确定拆卸该产品所需的策略。有关组件的信息会用于设计机器视觉系统和开发拆卸操作模块。

系统框架概述了各种控制层级和操作模块之间的交互关系。各操作模块的设计主要是为解决拆卸操作过程中的不确定性因素。关于认知机器人的概念，其每个模块的活动和行为都以动作和状态变化的形式进行描述和表达。最后，系统的性能表现将根据系统的原定目标进行验证。这些过程总结如图 6.1 所示，在后续章节中将进行详细说明。

6.2 产品分析

6.2.1 案例研究产品：LCD 屏幕

LCD 屏幕在过去十年中已经基本取代了阴极射线管（CRT）显示器。2008 年全球 LCD 屏幕的销售量超过了 1.2 亿块，2010 年大约 90% 的台式计算机都使用了 LCD 屏幕[1]。根据一份早些时候的预测报告，2012 年 LCD 屏幕的销售额将达到 800 亿美元，比其他类型的显示器大约高出四倍[2]。因此，废弃 LCD 屏幕的处理数量也在不断增加。仅在德国，预计到 2012 年将有 4000 多吨废弃 LCD 屏幕需要被处理[1]，并且该产品对环境的影响正在显著增

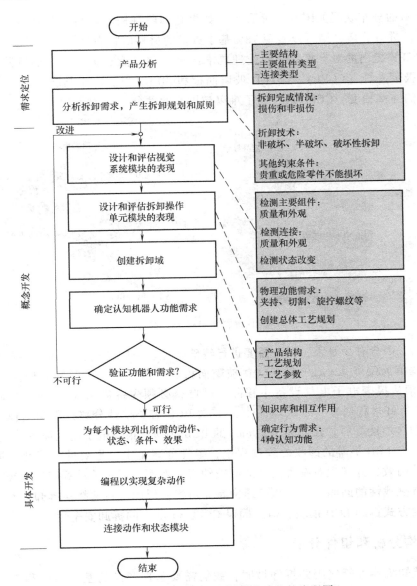

图 6.1　开发认知机器人拆装自动化的流程图

加。在这种形势下，我们需要研究 LCD 屏幕的拆卸和回收方案。

6.2.2　LCD 屏幕显示器的报废处理

对报废 LCD 屏幕的处理。应参考欧洲 WEEE（Waste Electrical and Electronic Equipment Directive，报废电子电气设备指南）[3]。该指南表明，我们应同时考虑回收率及废弃 LCD 屏幕所含的有害物质，而且在拆卸过程的设计中也需要认真考虑这两个方面的问题。以重量计，材料回收率的最低要求为 75%，回收再利用率的最低要求为 65%。

本项目所做研究始于对一些 LCD 屏幕的调查研究，以便首先了解其材料成分和常见组件。LCD 屏幕的总质量受到主要部件，即屏幕外壳、PCB 安装板、背板和 PCB 等材料的影响[2]。各材料的分布状况如图 6.2 所示[4]。如果在回收利用之前将一些材料成分（如黑色金属和塑料）进行分离，则可以实现 78%基于重量的材料回收率目标。

　　根据 WEEE 提出的对有害物质的处理要求，对三种可能有害的组件的拆除是必须考虑的：①冷阴极荧光灯（CCFL）、②LCD 玻璃面板和③PCB[2]。由于其脆弱性及与 LCD 模块中其他组件的连接程度，CCFL 组件属于难以被拆卸的部分。

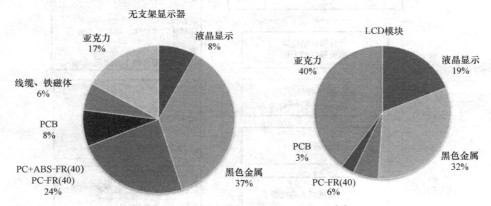

图 6.2　LCD 屏幕中材料的分布状况[4]

　　由于 CCFL 中含有少量汞，因此需要进行特殊处理。汞的含量在不同的屏幕类型中有所不同，其平均值为每屏 $4.8\mu g^{\ominus[4]}$。LCD 玻璃面板具有潜在的环境风险。任何超过 $100cm^2$ 的 LCD 都必须从报废电子电气设备中移除。因此，必须先拆卸 LCD 模块，之后才能取出 LCD，而这个拆卸过程通常具有破坏性[1]。其次 PCB 需要单独分离，因为其包含难以回收的几种金属和热塑性材料。任何大于 $10cm^2$ 的 PCB 必须从报废电子电气设备[2]中移除。

　　很明显，在 LCD 屏幕的回收处理过程中，组件分离是十分重要的。因此，拆卸工艺需要设计得十分高效，并实现对有害元件的有效约束。然而，通过手动拆卸实现经济可行性仍然是一个具有挑战性的问题。拆卸顺序通常是先对模块层面进行选择性拆卸，然后可以进一步以破坏性的方式拆卸 LCD 模块，但应确保 CCFL 和 LCD 的拆卸安全性。

6.2.3　结构分析和组件分析

　　在制订认知机器人所使用的拆卸域时，我们需要掌握产品的基本结构和有关组件的信息，以便开发视觉系统模块和制订工艺规划。

　　有关 LCD 屏幕结构和组件的综合研究已经非常完备[2,5]。其常见结构可以分为两个层次：模块级和组件级，如图 6.3 所示。可以通过选择性拆卸方法来检查模块级别的拆卸状态。LCD 屏幕通常由 6 种主要组件组成：背板、PCB 盖板、PCB、托架、LCD 模块和前盖板。通常有 3 种类型的 PCB，即逆变器、开关和控制器。组件的排列顺序是从屏幕的前面一直排布到后方，并且不同的制造商通常都采用类似的 LCD 屏幕结构。然而，对于不同的制造商而言，组件（如 PCB、螺钉、电缆等）的具体位置往往有着显著的不同。对于组件级别而言，LCD 模块可以进一步分解成 9 个组件，如图 6.3b 所示。

　　由于拆卸系统的目标在于回收物料，因此本项目方案以一种不同于常规的方式对组件和

───────────────

　⊖　估计到 2010 年，可能有 8000 万块 LCD 屏幕产生 250~480kg 的汞要处理。

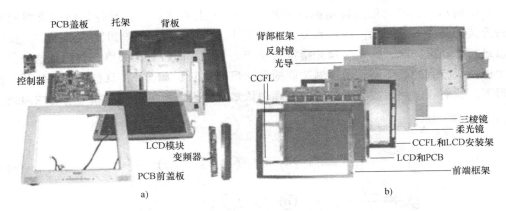

图 6.3 LCD 屏幕结构[5]

a) LCD 屏幕中的模块 b) LCD 中一个模块的组件

结构的概念进行理解。该方案关注的不是组件的具体标识，而是组件的类型。在这种情况下，这样的定义方式是很有用的，因为系统马上就能对首次遇到的模型执行操作。同时，系统还采用了更宽松的产品结构定义，特别是仅考虑了附着方向和相互作用关系。该方案充分利用了认知功能和操作模块的优点，特别是视觉系统的优势。图 6.4 所示为该方案下模块级别的产品。

根据组装方向，产品结构可被分成两种类型：type-Ⅰ和 type-Ⅱ，这种分类是基于组件 PCB、PCB 盖板和托架的配置。PCB 盖板是 type-Ⅰ结构中的一个独立部分，在 type-Ⅱ中与托架相结合。此外，根据材料和 PCB 盖板的外观，type-Ⅰ还可进一步分为两个子类：type-Ⅰa、type-Ⅰb。type-Ⅰa 在视觉系统中可与托架进行区分，而 type-Ⅰb 则不能。认知机器人代理与物理拆卸操作相配合可区分这两个子类。LCD 屏幕通常由六种类型的主要组件及由 "c" 和 "c_n" 表示的四种类型的连接所组成，分别为：①背板（c_1），②PCB 盖板（c_2），③PCB（c_3），④托架（c_4），⑤LCD 模块（c_5），⑥前盖板（c_6），⑦螺钉（c_{n_1}），⑧卡扣（c_{n_2}），⑨电缆（c_{n_3}），⑩塑料铆钉（c_{n_4}）。

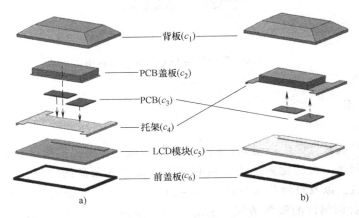

图 6.4 液晶屏的产品结构及主要组件

a) type-Ⅰ b) type-Ⅱ

组件结构和外观的变化是自动拆卸过程中的一个主要挑战。具有各种结构类型的 LCD 屏幕的连接图如图 6.5 所示，而具有复杂结构的 LCD 屏幕的连接图如图 6.6 所示。使用传统方法进行自动拆卸时，通常会预先指定关于产品和过程的所有相关信息，而且这些信息都是各个模型所特有的。然而，由于制造商的设计保密性问题，这种信息往往并不公开。在这种情形下，我们通过使用按类型识别的原理和认知机器人来解决多变性和不确定性问题。

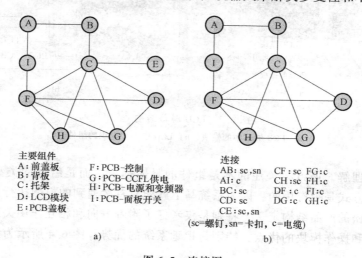

主要组件		连接	
A：前盖板	F：PCB-控制	AB：sc,sn	CF：sc FG：c
B：背板	G：PCB-CCFL供电	AI：c	CH：sc FH：c
C：托架	H：PCB-电源和变频器	BC：sc	DF：c FI：c
D：LCD模块	I：PCB-面板开关	CD：sc	DG：c GH：c
E：PCB盖板		CE：sc,sn	

(sc=螺钉，sn=卡扣，c=电缆)

a)　　　　　　　　　　　　　b)

图 6.5　连接图

a) type-I　　b) type-II

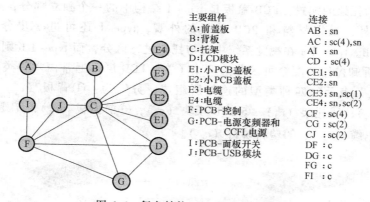

主要组件	连接
A：前盖板	AB：sn
B：背板	AC：sc(4),sn
C：托架	AI：sn
D：LCD模块	CD：sc(4)
E1：小PCB盖板	CE1：sn
E2：小PCB盖板	CE2：sn
E3：电缆	CE3：sn,sc(1)
E4：电缆	CE4：sn,sc(2)
F：PCB-控制	CF：sc(4)
G：PCB-电源变频器和	CG：sc(2)
CCFL电源	CJ：sc(2)
I：PCB-面板开关	DF：c
J：PCB-USB模块	DG：c
	FG：c
	FI：c

图 6.6　复杂结构 LCD 屏幕的连接图

6.3　拆卸要求

拆卸是一种利润较低的生产活动，但对于报废处理过程来说仍然很重要。因此，经济可行性是一个主要问题。自动化系统应该具有较低的成本和较高的适应性，以便应对各种产品。根据操作特点，以及自动化系统的鲁棒性和灵活性，人们提出了（半）破坏性拆卸策略[6]。然而，对拆卸组件的破坏是该方法的一个主要缺点。因此，该方法适用于回收，但不适用于再利用或再制造。至于拆卸策略方面，由于其消耗的时间较多，难以实现经济上可行的完全拆卸，因此，仅将 LCD 屏幕有选择地拆卸到模块级别[5]。此外，还需要考虑较有价值的组件及含有危险成分的组件（如 CCFL 的破裂会导致汞的泄漏），因此，LCD 模块不会进一步拆卸，以免损坏 CCFL，但 PCB 的分离是十分重要的。总之，自动化系统是基于以下要求进行设计的。

1）低成本设计，具有足够的灵活性和鲁棒性。

2）属于（半）破坏性拆卸。

3）可进行选择性拆卸。

4）对具有危险性和有价值零件需要进行特殊处理。

6.4　系统概述

项目方案的系统控制架构是基于认知机器人结构来进行设计的，该结构是一种针对项目研究的产品进行了简化。关于控制和操作模块级别的系统详细配置如图 6.7 所示。

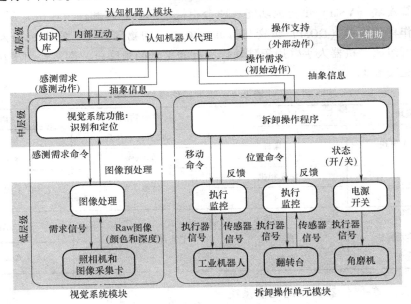

图 6.7　控制和操作模块的系统架构层级

6.4.1　控制和操作模块级别

该系统可以从控制级别和操作模块级别两个互补角度进行考虑。控制层级指定了一个系统对拆卸操作过程的自动化程度和数据处理水平，而操作模块是该过程所属的一个功能系统。一个操作模块可以由多个控制层级所组成，这取决于实现模块功能所需的过程行为。

1. 控制层级

前几章详细介绍了与各个操作模块相关的控制层级。本章仅对可以清楚看到的模块之间的连接和信息流动的情况进行介绍。该系统由三个控制层级组成：高层级、中层级和低层级，如图 6.7 所示。

高层级的数据和信息流控制拆卸过程的行为和顶层的工艺规划，并以抽象数据的形式把相关命令和信息指示传递给其他层级的模块或系统。认知机器人模块就是在该层级上运行的。

中层级用于管理高层级和低层级之间的信息交换。在该层级上，数据被解释为信息，并将抽象信息转化为可实现的动作。视觉系统的检测功能和拆卸操作模块的操作步骤也在此层级运行。

低层级负责对机器硬件的操作和信号的处理，包括对传感器或驱动器的运动控制、图像采集和预处理。

2. 操作模块

项目研发的系统由认知机器人模块、视觉系统模块、拆卸操作单元模块三个模块组成，它们是基于特定功能来设计的，并且彼此独立运行。表 5.2 总结了操作模块及相关的硬件和功能。

认知机器人模块（CRM）由认知机器人代理（CRA）和知识库（KB）所构成。高层级规划和与人工操作者的交互是其主要功能。

视觉系统模块（VSM）由检测功能和两台相机（彩色相机和深度相机）所组成。

拆卸操作单元模块（DOM）负责与拆卸对象之间的物理交互。它由机器人手臂、翻转台和角磨机所组成。机器人手臂用于移动作为拆卸工具的角磨机，翻转台用于从产品中卸载分离组件，见表 6.1。

表 6.1　拆卸操作模块

操作模块	相关硬件	主要功能	语言
认知机器人模块	计算机	认知机器人代理	IndiGolog
		知识库	Prolog[7]
视觉系统模块	深度相机	检测功能	C 或 C++
	彩色相机		
拆卸操作单元模块	工业机器人	工艺规划和原始动作	RAPID
	翻转台		
	角磨机		C 或 C++

3. 具有客户端-服务器模型的通信系统

在操作模块的内部，通信以直接的方式进行。对于视觉系统模块和拆卸操作单元模块而言，我们需要采用数据采集装置（DAQ），这是因为计算机会与硬件（即图像采集卡和 I/O 控制器）进行交互。机器人控制器能够通过与底层硬件进行连接来完全控制工业机器人。内部和外部通信的物理连接原理如图 6.8 所示。

由于操作模块是在不同的平台上运行的，不同模块之间的外部通信更加复杂，因此，选择多平台客户端-服务器模型[7]以实现基于网络的通信。使用基于 Prolog 语言的传输控制协议和互联网协议（TCP/IP）的通信协议来实现基于套接字的消息传送和管理信息流。在这种情况下，消息是以动作和状态的形式传递的。协议设计要能够与认知机器人模块相兼容，因为认知机器人模块担负着指导其他模块操作的任务。

网络由三个部分组成：客户端、服务器和通信中心。在这种情况下，认知机器人模块是客户端，其他模块是服务器。客户端通过向通信中心发送请求来与服务器通信，用于感知当前动作或初始动作。随后，消息被分发给相应的模块。一旦处理了所需的信息或执行了所请

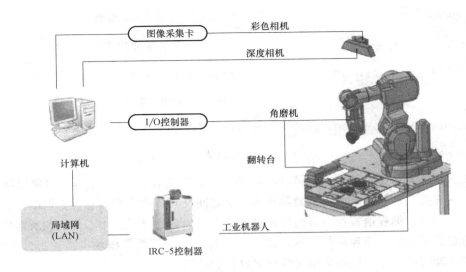

图 6.8　物理连接示意图

求的操作，系统就会从每个模块发送反馈消息。通信中心根据不同的软件平台性质进一步调整语法规则。考虑到程序语言和平台的位置，通信系统可以进行分组处理。

如图 6.9 所示，客户端和服务器 1 都在位于计算机上的本地设备上运行。客户端是认知机器人代理，它是系统的规划者。TCP/IP 间的连接通过 Prolog 来建立。C/C++语言应用于本地设备上的各组件，包括视觉系统、通信中心和拆卸操作单元模块，并不包括工业机器人。这些组件被组合在一起，作为服务器 1 来简化内部通信。Window Socket Library（winsock2）用于实现通信协议。服务器 2 是位于远程设备上的模块，作为工业机器人的控制器。用于套接字消息的 TCP/IP 在 RAPID 程序中实现，该服务器通过局域网（LAN）与通信中心进行连接。

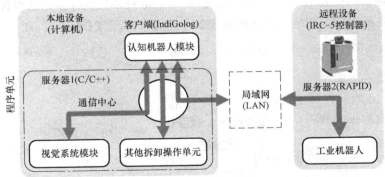

图 6.9　通信网络结构示意图

4. 模块之间的交互——动作和状态

关于系统集成，与每个模块相关的动作可分为三种类型：初始动作、感知动作和外部动作，下面的程序给出了每个操作模块之间的相互作用示例，其中 s 是感测动作；p 是初始动作；e 是外部动作，f 是状态。

detectBackCover	//s:CRM 要求 VSM 检测背板
box$(x_1,y_1,x_2,y_2,z_1,z_2)$	//f:VSM 发送检测位置给 CRM
cutRect(x_1,y_1,x_2,y_2,z_1,m)	//p:CRM 要求 DOM 执行操作
done	//f:DOM 通知 CRM 已完成
senseHumanAssist	//s:CRM 要求人工辅助操作
⟨demo action⟩	//e:人工操作示教动作

总之，系统架构是由三个操作模块组成的，它们使用客户机-服务器模型通过网络系统无缝地彼此连接。动作和状态用来表示代理模块之间交互的命令和信息。它们根据客户的要求，并以与 Prolog 编程语言相兼容的形式进行编码。消息通过通信中心传送到所需的操作模块，从而解决了多平台兼容性的问题。以下部分将详细介绍操作模块，描述拆卸 LCD 屏幕的设计和功能要求，并介绍每个模块的重要操作和状态。

6.5　认知机器人模块

认知机器人模块由认知机器人代理和知识库组成，而认知机器人代理是根据行为规范和域规范来制订的。拆卸过程中的动作行为规范受到四个认知功能的影响，域规范的量化模型由拆卸域的数据构成。由于该模块控制了系统的行为，本节将对整个拆卸过程进行概述。

6.5.1　系统设计与基本功能

1.域规范

拆卸域由三个层次组成：产品结构、工艺规划和工艺参数。产品结构的连接图是专为 LCD 屏幕构建的，如图 6.10 所示，其信息是从大约 40 种不同的样本产品中收集的，包括两种类型的六个主要组件。产品可以在模块层级上分解。尽管 PCB 盖板、PCB、托架之间的

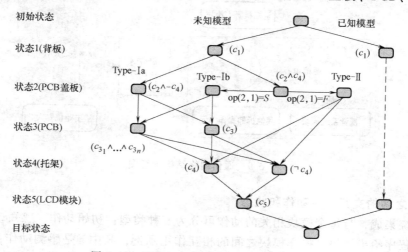

图 6.10　显示 LCD 屏幕主要结构的拆卸域

安装顺序存在一定的差异性，但主要组件的顺序在不同模型中是一致的。还可以根据检测到组件的顺序来识别结构类型。如图6.10所示，从状态2到状态4可以看出，在执行切割操作⊖之后，还需要用视觉检测结果⊜和执行监控来识别是否为正确的状态。

2. 基本行为

根据（半）破坏性方法，分离过程的工艺规划和工艺参数是基于使用角磨机的切割操作来设计的。由于相关连接组件的类型和位置不同，每种类型的组件都需要不同的移除策略。因此，需要为每个主要组件单独设置适当的工艺规划和工艺参数。

工艺规划由以下参数化初始动作组成：切割轮廓，切角，直线切割，切割点（参见附表A.2）。输入是根据每个初始动作来确定的原始几何状态（即面，线，点）。我们的初步研究发现，由于LCD屏幕的结构较为简单，只在水平面上定义所有切割动作就足够了。这种在水平面上的切割位置是根据感测到的部件位置来完成参数化定义的，并根据拆卸工艺规划设置偏移量的。初始所需的切割深度参数是未知的，并且在每个操作循环中都会发生变化，直至达到可以使主要部件移除的临界深度。切割刀具的进给速度和方向是可变的，也是工艺参数。简而言之，根据组件的类型的不同，共有包括3个工艺参数［见式（6.2）～式（6.4）⊜］的多个工艺规划［见式（6.1）］可用。可以从这些公式中看出一些可能的变化规律。

$$\text{operation plan} = \text{op}(c_i, j) \mid i \in \{1, 2, \cdots, 6\} \wedge j \in \{0, 1, \cdots, 3\} \tag{6.1}$$

$$m \in \{\theta_{\text{tool}} \times S_{\text{feed}}\} = \{'1', '2', \cdots, '8'\} \tag{6.2}$$

$$z \in \{z_{\text{Fmin}} \leqslant z_{\text{F}} \leqslant z_{\text{Fmax}} \mid z_{\text{F}} \in Z\} \tag{6.3}$$

$$\Delta z \in \{\Delta z_{\text{min}} \leqslant \Delta z \leqslant \Delta z_{\text{max}} \mid \Delta z \in Z\} \tag{6.4}$$

执行监控是在规划和运行中以具体方式进行的。在规划层面，通过视觉检测到状态变化来评估主要组件的移除结果。在执行每个切割操作后，系统执行检测动作 detectStateChange，接着就会尝试移除该组件。在这种情况下，如果切割到阈值深度，初始动作 flipTable 会将夹持产品的台面翻转到位，从而使组件掉落。执行监控是用于对主体结构的类型进行分类，如图6.10所示状态2。操作 $\text{op}(c_2, 1)$ 的成功或失败可用于区分 type-Ⅰ 和 type-Ⅱ。

无碰撞的成功切割操作也是操作层面的一个重要信息来源。切割路径的成功完成意味着刀具能够到达使用当前切割方法进行分离的目的。因此，认知机器人能够自己确定合适的切割方法。成功的切割方法通过感应动作 checkCuttingMethod 来确认。随后，由于目标位置可以垂直接近，因此参数 m 可以在下一个操作周期中继续被使用，并以一个调整后的深度重复垂直的切割路径。总而言之，包含对该系统的执行监控的工艺规划 $\text{op}(c_i, j)$ 的操作程序如下：

⊖　组件 c_i 已执行的第 j 个工艺规划用 $\text{op}(c_i, j)$ 表示，S 和 F 表示移除组件的执行结果（成功与失败）。

⊜　在图6.10中，括号中的符号是在该拆卸状态下检测到或未检测到的组件的组合，如 $(c_i \wedge c_j)$ 表示检测到 c_i 的状态，但 c_j 一定不存在。

⊜　切削方法 m 表示刀具方向 θ_{tool} 和进给速度 S_{feed} 的组合，在本项目研究中，用 '0' … '8' 表示。z_{F} 表示刀具相对于夹具的水平，Δz 表示步进变化量。z_{F} 和 Δz 都是整数，因而是离散的。

```
Proc op(c_i, j)
    while(¬ stateChange ∧ m ≠ '0' ∧ (z_Fmin ≤ z_F ≤ z_Fmax))
        offsetPrimitiveDepth                      //增量式变化 z_F
        cutPrimitive                              //执行切割操作
        checkCuttingMethod                        //获得切割方法的状态
        flipTable                                 //移除分离的部分
        detectStateChange                         //获得状态改变情况
    endWhile
endProc
```

3. 高级行为

知识库、学习和改进以更特定地适合于 LCD 屏幕拆卸的方式被应用。由于工艺规划是预定义的，因此其数量是已知的。因此，可通过学习有限的已知结构来简化代理程序。根据式（5.5），Φ_i 存储了期望切割目标位置的水平路径的原始几何形状。Γ_i 是工具方法的参数，其代表对连接的拆卸操作的第一部分参数仅指螺钉拆卸。

因此，一般规划的一个简化版本见式（5.6），其中针对主要组件的最大可用工艺规划数为 4。因为螺钉头的切削深度非常一致，所以表示螺钉切削的 Γ_0 仅表达切削方法。另一方面，由于组件的厚度是未知的，其他的 Γ_i 除了用 m 以外，必须用起始深度 z_{start} 和终止深度 z_{dst} 来指定。

$$\text{plan}_{general} = (\vec{\Phi}_0, \vec{\Gamma}_0, \Phi_1, \Gamma_1, \Phi_2, \Gamma_2, \Phi_3, \Gamma_3) \qquad (6.5)$$

式中：

$$\vec{\Phi}_0 = [\text{loc}(x_{10}, y_{10}, z_{10}), \text{loc}(x_{20}, y_{20}, z_{20}), \cdots, \text{loc}(x_{n0}, y_{n0}, z_{n0})]$$
$$\vec{\Gamma}_0 = (m_{10}, m_{20}, \cdots, m_{n0})$$
$$\Phi_1 = \text{rect}(x_{11}, y_{11}, x_{21}, y_{21}, z_{dst1}), \Gamma_1 = (m_{11}, z_{start1})$$
$$\Phi_2 = \text{line}(x_{12}, y_{12}, x_{22}, y_{22}, z_{dst2}), \Gamma_1 = (m_{12}, z_{start2})$$
$$\Phi_3 = \text{line}(x_{13}, y_{13}, x_{23}, y_{23}, z_{dst3}), \Gamma_1 = (m_{13}, z_{start3})$$

关于在人工辅助下产生的新规划，实例中给出的初始动作按式（6.6）来定义。在图形用户界面控制台中，操作者通过从提供的选项中进行选择完成示教动作，然后在图形用户界面控制台中绘制 2D 切割路径的彩色图像（请参阅附录 B）。然后借助于视觉系统将该指定的切割路径转换为 3D 路径，如图 6.11 所示。

$$\text{plan}_{addon} = [\text{cutContour}(x_{11}, y_{11}, x_{21}, y_{21}, z_{dst1}, m_{11}), \cdots] \qquad (6.6)$$

其他外部动作（如 skipComponent，newComponentLocation 等）能解决系统原有信息不准确的问题。这些操作会隐含地改变规划层级中知识库的相应实例，并且不会改变操作层级中的事实。

一旦知识库学习到了一个模型，无论应用何种改进策略，都可以通过加大切割步长来减少操作循环次数，从而实现更高的效率。由于切割目标的最终位置是已知的，因此代理可以单纯地去接近该期望深度而无需经常性改变评估状态（这是一个耗时的过程）⊖。在结束操作规划的最后一个操作循环后，才需要评估状态变化，这样就有效缩减了时间。

⊖ 因为评估状态变化，除了视觉检测外，还须执行 flipTable 动作。这个物理操作过程约需 8.5s。

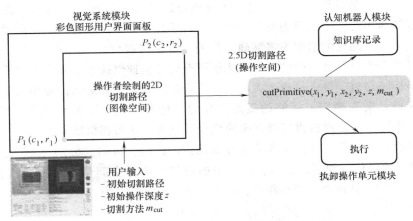

图 6.11 用户在 GUI 中演示了原始切割操作

在改进方面，按照第 5.5.4 节所述的简化方法来实施。工艺规划的应用顺序是根据其对组件的影响和拆卸成功率而设计的。首先执行切割螺钉的操作，这种操作对报废产品造成的损坏是最小的，如果效果不佳，还可以采用一种具有较大冲击作用的操作来分离组件，其作用力与组件边缘的偏移量成正比。

6.6 视觉系统模块

视觉系统模块的作用是应对与组件的质量和数量相关的不确定性因素。视觉系统的设计主要用于处理组件的物理外观、数量和位置的变化。由于该系统的拆卸目标不是对组件回收再利用，因此只按类型对组件进行简单分类即可。然而，相同类型组件的显示效果通常在每个模型中是不同的，即使在同一产品系列中也是如此。系统必须能够对其进行分类。认知机器人代理使用感测动作来触发请求信息。随后，视觉系统尝试识别指定的组件并确定检测到的每个组件的数量和位置，再通过将原始检测结果处理为抽象信息来克服这些不确定性。该信息以状态的方式发送回认知机器人代理，以便做出进一步的决策。基于传感器的感知行为及相关状态变量的情况见附表 A.1。

6.6.1 功能设计

视觉系统模块需要执行对主要连接组件的检测。检测过程可以描述为识别和定位两个过程，以用于解决所有相关的不确定性。此外，视觉系统用于确定拆卸状态的变化，便于认知机器人完成执行监控的任务。

1. 硬件设置和坐标映射

由于拆卸操作过程是在三维空间中对产品执行的，因此我们使用两台相机，即彩色相机和深度相机来获取产品在三维空间中的信息。与其他 3D 成像技术相比，深度相机还能满足低成本的要求。

这两台相机安装在翻转台上方，从后侧可以看到整个 LCD 屏幕。根据这种设置，需要在颜色、图像质量和坐标映射三个方面进行校准。所有校准方法都在底层控制上来实现。首先，准确的颜色感知是必需的，因为基于颜色的识别技术会被应用于某些组件的检测，在这种情况下需要进行色彩平衡校正[8]。关于图像质量的第二个问题涉及感知信息的噪声和失真问题。深度图像中的问题则更为复杂，因为其对于边缘和强反射表面是比较敏感的，并且会导致从这些区域感测到的数据不够准确。另外，由于深度分辨率约为 3~4mm，噪声引起的位置误差可能会十分明显。因此，需要凭借噪声滤波和插值技术来提高图像质量。

最后，坐标映射对于整个过程至关重要，因为拆卸过程需要对组件和相关切割操作进行准确定位。因此，需要确定被拆卸的报废产品的坐标系 $\{P\}$ 与图像空间 $\{S\}$ 之间的关系。在这种情况下，可以通过机械调整来简化校准过程。两台相机彼此平行对准，使得视线与固定板相互垂直。这样，变量的数量会显著减少。最后，将式（6.7）用于定位，其中对象相对于 $\{P\}$ 的操作空间 (x_P, y_P, z_P) 中的位置是图像空间变量 (c, r, z_F) 的函数，见式（6.11）。c 和 r 分别来自彩色相机，z_F 来自深度相机。

$$P_{\text{object}}^{P}(x_P, y_P, z_P) = H(c, r, z_F) \tag{6.7}$$

2. 组件检测

根据 LCD 屏幕的结构分析和实际拆卸过程，需要检测 5 个主要组件和 1 个连接组件：背板、PCB 盖板、PCB、托架、LCD 模块和螺钉⊖。

我们使用基于共同特征的规则来识别组件类型，并将两种类型的图像信息均考虑在内。在本项目中，共同特征是由 1999 年至 2011 年之间制造的 41 个原始样品所确定的。当应用于较新的产品模型时，这些特征的值可能会发生变化，见表 6.2。

表 6.2 LCD 屏幕组件的一般检测特征

组件	组件类型（m—主要组件 c—连接）	识别	定位	一般特征							
				彩色图像						深度图像	
				2D 图形			颜色范围	连接域（blob）	Haar 式特征	高度	表面粗糙度
				尺寸	形状	宽高比					
背板	m	●	●	●	●	●				●	
PCB 盖板	m	●					●	●		●	
PCB	m	●					●	●			●
托架	m	●					●			●	●
LCD 模块	m	●					●			●	●
螺钉	c	●	●	●					●		

背板是指由塑料制成的，并覆盖所述产品中其他组件的最外层部分。尺寸和长宽比根据 LCD 屏幕的尺寸而变化。在这种情况下，限制为 15~19in，最大宽高比为 2:1。后盖的高度可以不考虑其他较小的无关物体，例如支撑夹紧元件。从原始样品得知，从 LCD 屏幕正面算起，其厚度为 10~70mm。然而，对于较新的设计，LCD 屏幕往往更薄。

PCB 盖板是覆盖 PCB 的金属盒子，其高度参数是用于识别此组件的特征参数。该组件可以是单独的组件（Type-Ⅰ），也可与托架做成一个整体部分（Type-Ⅱ）。可以通过颜色对这两种类型的子类进行初步分类。Type-Ⅰa 盖板通常由大约 0.5~1mm 厚的反光金属板制成。Type-Ⅰb 型和 Type-Ⅱ型盖板通常由厚度为 1~3mm 的哑光灰色金属制成，这是因为不同托架所需的强度有所差异。反光金属板的颜色范围为 H ∈（35°，130°）和 S ∈（12，35）。哑光灰

⊖ 注意：这里将前盖板排除在外，是因为其应该在前序操作中已被拆除。按照工艺规划，线缆、卡扣和铆钉等连接组件也应已被拆除。因此，对这些组件的视觉检测是不必要的。

色金属的颜色范围为 $H \in (73°, 135°)$ 和 $S \in (10, 27)$，如图 6.12c 所示检测示例。

PCB 通常是具有绿色和黄色两种颜色的标准矩形板，其颜色范围的判断标准分别为绿色：$H \in (70°, 200°)$ 和 $S \in (35, 80)$，黄色：$H \in (20°, 70°)$ 和 $S \in (35, 90)$。由于一些安装在 PCB 上的嵌入式组件，我们需要考虑具有有效颜色的区域中相连像素的数量，以准确地确定该组件的边界。斑点检测[9]用于检测边界面积在 $1000 \sim 40000 mm^2$ 之间的区域。另外，由于在一个拆卸状态下可以发现多个 PCB，因此采用算法进一步将检测到的区域区分为独立的 PCB，如图 6.12e 所示检测示例。

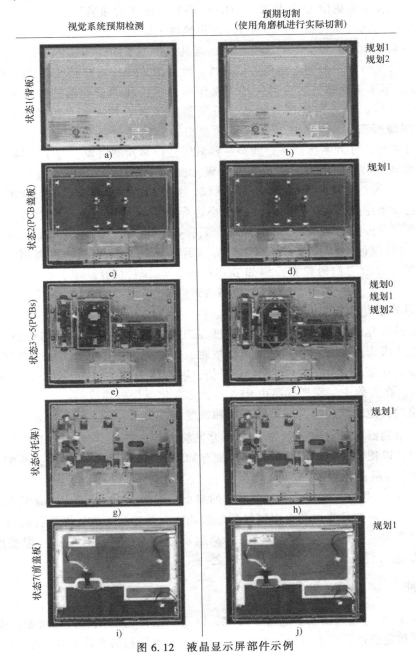

图 6.12 液晶显示屏部件示例

托架是 LCD 屏幕的核心结构组件，用于安装其他的主要组件。其设计具有高强度特征，并且总是使用厚的灰色哑光金属板，因此常用颜色标准来识别这一特征。该组件的尺寸足够大，故而可支撑 LCD 模块。此外，视觉检测时的决定性判断标准为一片特定颜色的连续区域，且覆盖 LCD 屏幕的 45% ~ 90%，如图 6.12g 所示检测示例。

LCD 模块是实现产品功能的主要组件，是覆盖了整个产品区域的 90% 以上的一个完整的矩形组件。LCD 模块的背面是平的，通常由有光泽的金属板制成，可以使用从深度图像计算得来的颜色标准和（或）表面粗糙度来识别。因此，通过找到满足表面判断标准的适当连续区域来在检测中确定 LCD 模块。LCD 模块的检测非常重要，因为在此之后认知机器人代理会确认已达到目标状态，如图 6.12i 所示检测示例。

螺钉是该系统中唯一要检测的连接组件。与其他类型紧固件相比，螺钉具有刚性和明确的几何特征，这就简化了视觉检测任务。此外，大多数连接件均应是被自动拆卸的。从顶部看，M2 ~ M3 十字平头槽螺钉的头部使用了基于哈尔式特征的分类器进行检测[10]，这是一种典型的用于目标识别的数字图像模板。分类器已经被大约 800 个阳性螺钉头部图像和 7000 个阴性图像所训练，从而实现了较高的检出率，但同时存在着大量假阴性样本结果。我们可以通过使用尺寸判断标准来过滤掉一些假阴性样本检测对象。为了限制需要搜索的区域，还可以考虑其所附着的主要组件的位置。例如，在移除 PCB 的过程中，目标区域（ROI）将被设置为一个将 PCB 包含在内的区域，并且仅在该区域执行螺钉检测。

为了传达抽象定位信息，主要组件由最小边界矩形（MBR）和三维操作空间中的一个点表示。状态变量分别为 compLocation = box $(x_1, y_1, x_2, y_2, z_1, z_2)$ 和 screwLocation = loc (x, y, z)。操作空间中的位置由式（4.11）确定。为防止检测到一种类型组件的多个实例，可以用列表表示它们的位置，例如 pcbLocation = [box $(x_{11}, y_{11}, x_{21}, y_{21}, z_{11}, z_{21})$, box $(x_{12}, y_{12}, x_{22}, y_{22}, z_{12}, z_{22})$, …, box $(x_{1n}, y_{1n}, x_{2n}, y_{2n}, z_{1n}, z_{2n})$]。

3. 检测状态变化和相关因素

拆卸状态的变化是根据原始状态和拆卸过程的当前状态之间的差异和相似度来测量的。在目标区域之内考虑颜色图像和深度图像。然而，深度图像更为重要，因为其代表了组件的物理几何特性。状态变化用式（4.23）来评估，取深度差阈值 ϕ_{depth} 为 50%，取色差阈值 ϕ_{colour} 为 75%。在实验中，发现样品中 95% 的状态变化得到成功检测。

视觉系统的其他功能包括产品型号识别和高度特征 Z_f 的测量。

产品型号检测器用于确定当前样本是否为先前已知的模型。使用 SURF[11] 在彩色图像上执行该识别，以便将当前模型的关键点与现有知识库相匹配。实验发现，匹配百分比大于 15% 意味着两个样品是相同的。

测量的高度 z_F 用作已知型号的切割操作的起点，如图 6.13 所示，并确保切割操作从顶面开始，防止对切割刀具施加的力出现过载。当切割刀具尝试切透较厚的材料以快速接近目标时，就可能会发生过载。这种不适当的拆卸运动会导致切割刀具变钝、损伤或损坏。图 6.13 所示的步进切割是防止这种情况的策略之一。

6.6.2　性能

检测器在 37 个不同的模型上进行了测试，以验证选定的规则和共同特征。基于未损坏的组件，识别和定位过程所表现出的性能见表 6.3。组件识别的准确度通常可达到大约 80%，

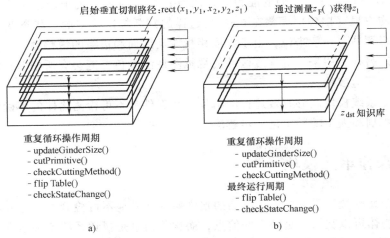

启始垂直切割路径:rect(x_1, y_1, x_2, y_2, z_1)　　通过测量z_F( )获得z_1

重复循环操作周期
- updateGinderSize()
- cutPrimitive()
- checkCuttingMethod()
- flip Table()
- checkStateChange()

重复循环操作周期
- updateGinderSize()
- cutPrimitive()
- checkCuttingMethod()
最终运行周期
- flip Table()
- checkStateChange()

a)　　　　　　　　　　　b)

图6.13　步进切割操作

a) 未知模型　b) 已知型号

表6.3　拆卸主要组件的工艺规划

主要组件	工艺规划			
	计划编号	原始切割操作	内偏移(mm)	待拆卸目标或连接件
背板(c_1)	1	cutContour	5	边界附近的卡扣
	2	cutCorner	20	角落位置螺钉
	3	cutContour	12	边界附近的螺钉
	H	*	*	PCB前盖板的按压配合 中间区域的未切割的螺钉 修正错误
PCB盖板(c_2)	1	cutContour	5~10	取下盖板
	2	cutContour	5(向外)	托架之下的隐藏电缆
	H	*	*	未切割的隐藏电缆 修正错误
PCB(c_3)	0	cutScrew	不适用	特定位置的螺钉
	1	cutContour	5	外部端口、电缆、螺钉
	2	cutCorner	20	角落位置螺钉
	3	cutContour	10	边界附近的螺钉
	H	*	*	中间区域的未切割连接件 修正错误
托架(c_4)	1	cutContour	5	边界区域的螺钉、卡扣
	H	*	*	修正错误
前盖板(c_6)	1	cutContour	5(向外)	边界区域的卡扣
	H	*	*	修正错误

注:"*"的项由操作者决定;H表示人工辅助;认知机器人中使用的工艺规划表示为op(主要组件,规划编号),
　　例如op(c_1,1)表示处理背板的工艺规划1。

除了螺钉和 LCD 模块之外，它们的准确度分别为 65% 和 50%。关于定位精度，检测到的组件的位置是用均方根（RMS）误差在 6mm 内这样的判断标准确定的。状态变化可以用 95% 的准确度来进行评估。一般来说，由于深度相机对反射面和边缘的敏感性，检测算法的误差源于深度图像。另外，用来检测连续区域的视觉图像的颜色可能会有所偏差，这是由于附近其他零件的反光所造成的。

总之，视觉系统模块能够有效地检测组件。由部件和不可检测物体的不确定性导致的错误将会由工艺规划和人工辅助来进一步解决。

6.7　拆卸操作单元模块

拆卸操作单元模块需要解决由于产品的报废条件和其他不可检测物体造成的不确定性问题，不可检测物体可以被认为是缺失的信息，而这些信息是视觉系统模块本身无法正常获取的。报废条件的变化表现为返回的产品存在轻微物理变化，例如存在损坏的零件。由不可检测物体引起的两种主要问题：未检测到的连接组件及在拆卸操作期间妨碍机器人移动的结构。如果可以感测到这种信息，认知机器人代理就能以适当的方式控制整个过程，以便达到相关要求。

在项目研究中，系统的设计既遵循低成本原则，又具有灵活性和稳健性。因此，拆卸装置（包括机器人和拆卸工具）被设计为执行（半）破坏性拆卸。此外，系统采用基于常见连接位置的拆卸工艺规划，这样即使在处理未知模型时也具有很高的适用性和成功率。

6.7.1　硬件设计与功能

拆卸工作台由三个操作单元组成：工业机器人、翻转台和角磨机。工业机器人是独立模块，用作拆卸操作单元模块的主要元素。其主要任务是根据认知机器人代理要求的初始动作来控制拆卸工具执行（半）破坏性拆卸操作。翻转台用作夹持和移动 LCD 屏幕，而角磨机用作拆卸工具（图 3.17）。认知机器人代理可以用初始动作命令 flipTable 和 switchGrinderOn/Off 简单地激活这些设备。

工业机器人模块的控制结构则更为复杂。在低层级控制层，控制器会在伺服电动机和传感器的层面上以 1.0mm 以内的精度控制工业机械人进行运动。引导操作的部分是在中层级控制层。本部分中的编程对应于初始动作的参数化操作过程。操作程序为 cutLine，cutContour，cutCorner，cutScrew，提供的参数是切割位置和切割方法（即进给速度和刀具方向）。

工业机器人控制器还向认知机器人代理发送反馈信息，使其获取可成功执行任务的参数。如果整个切割路径可以实现切割且其间不发生碰撞，则认为操作成功。在每次操作结束时，认知机器人代理请求 senseCuttingMethod，机器人控制器返回切割方法 m。这在式（6.2）中有所体现，m 的定义见式（6.8）。当操作成功时，m 的值根据所使用的刀具方向和进给速度的值用 "1" ~ "8" 进行编码。而当操作失败时，m 的值用 0 来表示，成功的切割方法随后会被记录在学习过程中。刀具取向的符号如图 6.14 所示。方向 {N，S，W，E} 与 *cutLine* 一起使用，而只有 {In，Out} 与 cutContour 和 cutCorner 一起使用。

$$m = \begin{cases} M_{\text{success}} \in \theta_{\text{tool}} \times S_{\text{feel}} \mid (\theta_{\text{tool}} \in \{N, S, W, E\} \vee \theta_{\text{tool}} \in \{In, Out\}) \wedge S_{\text{feel}} \in \{L, H\} \\ M_{\text{fail}} \end{cases} \qquad (6.8)$$

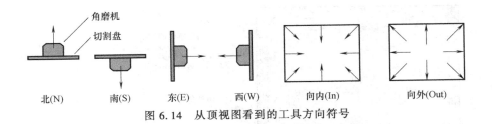

图 6.14 从顶视图看到的工具方向符号

6.7.2 拆卸操作单元的功能

本小节将介绍一般工艺规划，以及包含了适用于一般（和非预知的）LCD 屏幕型号的参数化的初始动作序列的认知机器人代理程序。工艺规划是基于拆除每个主要组件上的连接的策略而设计的。在主要组件的处理中，系统可根据工艺规划按照认知机器人代理指定的顺序逐个检测。在制订工艺规划时，应考虑三个主要因素：连接件的常见位置、破坏程度和拆卸过程的成功率。

对每种类型的组件而言，紧固件的位置具有特殊性。通常而言，连接件位于每个主要组件的边界附近，在其他位置出现的概率很小。前一种情况下使用总体策略规划，而后者采用人工示教。对于总体规划而言，相对边界的偏移是确定切割位置的主要因素，其合适的参数是通过观察和测量不同产品模型中连接件的常见位置，之后进行数据分析来得到。

至于破坏程度方面的问题，半破坏性拆卸策略是较优的，因为其只破坏连接组件，而不破坏主要组件或仅以最小程度破坏。然而，对应的成功率也普遍较低，因为连接组件可检测性往往比较差。在进行破坏性拆卸时，需要直接在主要组件上进行切割操作。在这种情况下，成功率和破坏程度都会更高。与半破坏性拆卸相比，这可能会导致位于组件下方隐藏的连接件报废，并将组件的主要部分破坏，同时留下不可拆分的零件。破坏性拆卸的一种应用是，从边缘附近的卡扣内侧对背板进行切割，这样背板的大部分便可以拆卸下来。为使拆下的背板面积最大，可以选择一个尽可能小的内偏移量来进行切割，同时也能保证可接受的成功率。

下面将对每种类型组件的连接件常见位置及相应的工艺规划，从系统可用的视图和操作的角度进行分析，因此，需要考虑到视觉系统的潜在错误结果[⊖]。

1. 背板

背板通常连接到前盖板或托架上，在边框附近 5mm 内有 8～10 个卡扣，在靠近角落位置、边框 10～12mm 内有 4 个螺钉，另外还有 1～2 个附加螺钉分布在中央区域以获得额外的支撑。在某些情况下，在支撑 PCB 盖板的中央区域也会有不可见的配合关系。

工艺规划包括使用 cutContour 指令并以不同的偏移量进行的切割操作，以及在拐角处绕过可能存在的角落处螺钉的切割操作。这些操作都是以有限的深度切割组件，以使组件的大部分材料从产品中分离出来。连接件的常见位置和相应的工艺规划如图 6.15 所示。

2. PCB 盖板

对于 Type-Ⅰ 结构，PCB 盖板通常是一个盒子，它通过卡扣和围绕基座的螺钉连接在托架上，如图 6.16a 所示。Type-Ⅱ 的结构中不需要这些连接件，其中盖板是托架的一部分，

⊖ 对于螺钉，半破坏性拆卸方法在大多数主要组件的拆卸中都不采用，因为螺钉检测的准确率很低。而破坏性拆卸方法只在 PCB 的拆卸中被采用，因为螺钉的检测率较高。

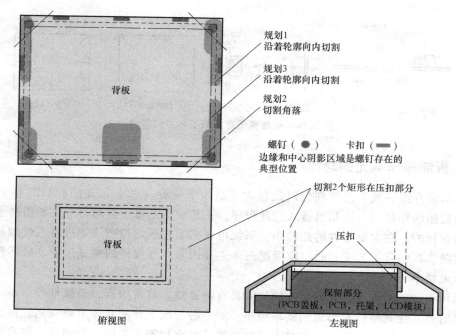

俯视图　　　　　　　　　　　　　　　左视图

图 6.15　背板的工艺规划

如图 6.16b 所示。在这两种情况下，都有电缆和外部端口连接在 PCB 内部的端口上。有时需要先拆卸这些电缆和端口，而后才能卸下 PCB 盖板。

对于拆卸工艺规划，使用具有不同偏移量的 cutContour 命令来切割顶面和基座平面部分，这种操作对区分这两种结构类型而言是需要的。工艺规划 1 $[op(c_2，1)]$ 切穿 PCB 盖板的顶面。在 Type-I 结构中，由于已经没有连接件了（如图 6.16a 所示），盖子的顶部部分可以先被拆下。与此相反，对于 Type-II，通过 PCB 和外部端口，盖子与产品的剩余部分仍然是相连接的（如图 6.16b 所示）。因此，可以使用动作和执行监控的组合来识别产品结构

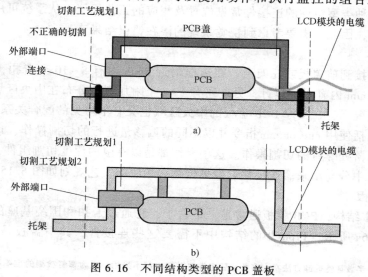

图 6.16　不同结构类型的 PCB 盖板

a）Type-I　b）Type-II

类型。对于工艺规划 2，在基座部分进行切割操作，以破坏和分离包括托架底下隐藏电缆在内的所有连接。连接的常见位置和工艺规划如图 6.17 所示。

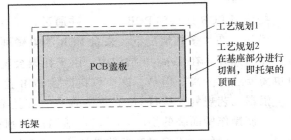

图 6.17　PCB 盖板工艺规划

3. PCB

PCB 通过其组件边缘处 10mm 内的 4~5 个螺钉连接到托架。在某些情况下，还会有 1~2 个塑料铆钉用于支撑 PCB 的中心区域。电缆和输入端口也可以在边框周围找到。使用电缆将 PCB 连接到 LCD 模块。一般来说，基本的配置情况如下：电源线从电源板连接到控制板和 LCD 模块中的冷阴极荧光管（CCFL）。信号电缆从控制板连接到前面板、电源板和作为 LCD 模块一部分的另一个 PCB 的开关板上。连接到 LCD 模块的电缆通常隐藏在托架下方。Type-I 和 Type-II 的 PCB 配置不同，如图 6.18 所示。

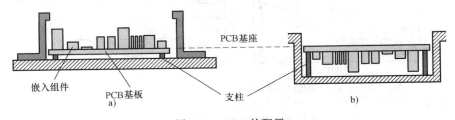

图 6.18　PCB 的配置

a）Type-I　　b）Type-II

对于拆卸工艺规划，半破坏性和破坏性方法都适用于该组件。为了尽量减少对 PCB 的损坏，首先执行 cutScrew 命令，这个组件上的螺钉很容易被检测到，并且这个操作对 PCB 造成的损坏程度最小。而后执行具有各种偏移量的 cutContour 和 cutCorner 指令。第一次切割非常接近边界，以便以最小程度的 PCB 损坏来切割电缆和端口。第二次切割的位置通常位于螺钉所在的边角处。最后，执行具有较大偏移量的 cutContour 指令。连接的常见位置和工艺规划如图 6.19 所示。

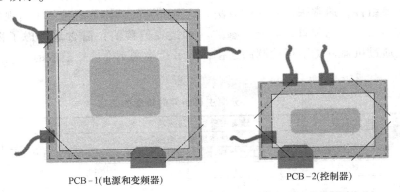

PCB-1(电源和变频器)　　　　　PCB-2(控制器)

工艺规划1(- - - -)　工艺规划2(—·—·-)　工艺规划3 (—··—)　端口（■〜）　电缆（■）

边缘和中心的阴影区域是螺钉可能存在的位置

图 6.19　PCB 的工艺规划

4. 托架

托架将 PCB 连接到 PCB 盖板，并通过 6~8 个卡扣和 4~8 个位于边框附近的螺钉连接到 LCD 模块。在大多数情况下，来自 PCB 的电缆通过卡扣和螺钉连接到托架上，这也需要进行拆卸。此外，在 Type-Ⅱ 结构中，由于托架会覆盖 PCB 盖板，位于覆盖区域附近的输入端口也需要进行分离。但是，这应该在拆除 PCB 盖板之前进行。

根据工艺规划，执行 cutContour 命令，在托架边缘附近进行切割操作以分离大部分组件材料。该操作所面临的挑战是要确定适当的切割深度，以避免损坏其下的 LCD 模块。在这种情况下，优化的切割深度参数是从托架的顶面向下偏移 2~3mm。连接的常见位置和工艺规划如图 6.20 所示。

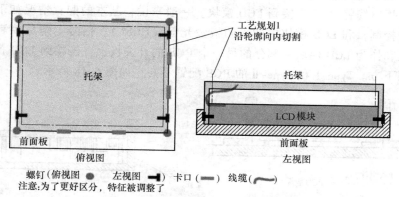

图 6.20　托架上的连接的常见位置

5. LCD 模块和前盖板

LCD 模块通常通过卡扣从边框周围连接托架及前盖板。在拆卸过程中，所有的连接都将按拆卸操作顺序分离。但是，在 LCD 模块仍然安装在前盖板上的情况下，可以进行额外的操作来切割前盖板的轮廓，从而破坏所有剩余的连接。这是拆卸过程的最后状态。在这个阶段，LCD 模块最后可以被完全分解。

总而言之，总体拆卸工艺规划被用来去除每个主要组件所附的连接关系。规划全部列在表 6.4 中。认知机器人代理将使用初始动作来请求每个操作允许指令。总体规划旨在灵活有效地分离主要组件，通常采用破坏性方法。这里采用的具体策略是基于由视觉系统感测到的组件和对应连接的常见位置。因此，参数（即边界偏移值）隐含地考虑了视觉定位中的误差。这样，通过机器视觉不可检测的连接，或者是检测不准确所造成的一些问题也得到了较好的解决。

表 6.4　分离主要组件的规划的成功率

主要组件	分离主要组件的成功率(%)				人工辅助
	总体规划自主运行				
	工艺规划-0	工艺规划-1	工艺规划-2	工艺规划-3	
背板	—	0	0	12.5	100.00
PCB 盖板	—	46.67	33.33	—	100.00
PCB	0	0	0	17.65	100.00
托架	—	16.67	—	—	100.00
LCD 模块	—				

6.8 实验

6.8.1 工艺流程

本小节旨在通过阐述与知识库的初始拆卸、学习和改进相关的流程来说明系统的操作过程。这些描述侧重于强调认知机器人原理特征的关键情况。我们还展示了知识库在学习和改进过程中的示例，以及视觉输入和示教的动作。其中典型的拆卸操作如图 6.21 所示。

图 6.21 从测试中捕获的拆卸过程的照片

a) 初始位置　b) 角磨机上方相机的可视尺寸　c) 按工艺规划路径切割　d) 切割金属的火花
e) 每次操作后翻转定位板　f) 分离组件掉落进回收箱　g) 组件被移除进行一下步

1. Type-Ⅰ 与 Type-Ⅱ

由于产品结构的不同，拆卸过程在 Type-Ⅰ 和 Type-Ⅱ 两型 LCD 屏幕之间会发生变化。如图 6.10 所示，在 PCB 盖板、PCB 和托架被移除的状态下，一些主要的差异就会呈现出来。Type-Ⅰ 结构可以在单次操作中被完全拆卸，而 Type-Ⅱ 结构通常需要第二次装夹固定到实验装置中，以分离在初始位置上无法接近的 PCB。关于两种结构类型的拆卸过程概述如图 6.22 所示。

```
开始拆卸
检测模型 → 未知
detectBackcover → backCoverLocation = box₁
处理背板(1)
    flagStateChangeROI(rect₁).
        op(c1,1): cutContour(rect₁', z₁)      SMF→ cutContour(rect₁', z₂)  SMF→ cutContour(rect₁', z₃)  SMF→
        op(c1,2): cutCorner(rect₁', z₁)       SMF→ cutCorner(rect₁', z₂)   SMF→ cutCorner (rect₁', z₃)   SMF→
        op(c1,3): cutContour(rect₁'', z₁)     SMF→ cutContour(rect₁'', z₂) SMF→ cutContour(rect₁'', z₃)  SMF→
        custom = [H₁] →

                    (Classification of 2 possible cases – The process can goes either Type-I or Type-II)

Type-I
(detectPcbCover → pcbCoverLocation = box₂) and (detectCarrier → pcbCoverLocation = 'no') → Type-I
处理PCB盖板(1)
    flagStateChangeROI(rect₂)
        op(c2,1): cutContour(rect₂',z1)           SMF→ cutContour(rect₂',z₂)  SMF→ cutContour(rect₂', z₃)  SMF→
                  cutLine(rect₂'ᵁ, z₁)            SMF→ cutLine(rect₂'' ᵁ, z₂) SMF→
                  cutLine(rect₂''ᴰ, z₁)           SMF→ cutLine(rect₂''ᴰ, z₂)  SMF→
                  cutLine(rect₂''ᴸ, z₁)           SMF→ cutLine(rect₂''ᴸ, z₂)  SMF→
                  cutLine(rect₂''ᴿ, z₁)           SMF→ cutLine(rect₂''ᴿ, z₂)  SMF→
        custom = [H₂] →

detectPCBs → pcbLocation = [box₃, box₄]
处理PCB(1)
    flagStateChangeROI(rect₃)
        detectScrews → screwLocation [loc₁, loc₂, ..., locₙ]
            op(cx,0): cutScrew(loc₁) → cutScrew(loc₂) → .... cutScrew(locₙ)      SMF→
            op(c3,1): cutContour(rect₃', z₁)    SMF→ cutContour(rect₃', z₂)   SMF→ cutContour rect₃', z₃  SMF→
            op(c3,2): cutCorner(rect₃', z₁)     SMF→ cutCorner(rect₃', z₂)    SMF→ cutCorner rect₃', z₃   SMF→
            op(c3,3): cutContour(rect₃'', z₁)   SMF→ cutContour(rect₃'', z₂)  SMF→ cutContour rect₃'', z₃  SMF→
            custom = [H₃] →
处理PCB(2)
    flagStateChangeROI(rect₄)
        detectScrews → screwLocation = [loc₁, loc₂, ..., locₙ]
            op(cx,0): cutScrew(loc₁) → cutScrew(loc₂) → .... cutScrew(locₙ)      SMF→
            op(c3,1): cutContour(rect₄', z₁)    SMF→ cutContour(rect₄', z₂)   SMF→ cutContour rect₄', z₃  SMF→
            op(c3,2): cutCorner(rect₄', z₁)     SMF→ cutCorner(rect₄', z₂)    SMF→ cutCorner rect₄', z₃   SMF→
            op(c3,3): cutContour(rect₄'', z₁)   SMF→ cutContour(rect₄'', z₂)  SMF→ cutContour rect₄'', z₃  SMF→
            custom = [H₄] →

Type-II
(detectPcbCover → pcbCoverLocation = box₂) and (detectCarrier → pcbCoverLocation = 'box₅') → Type-II
处理PCB盖板(1)
    flagStateChangeROI(rect₂)
        op(c2,2): cutContour(rect₂',z1)       SMF→ cutContour(rect₂',z₂)  SMF→ cutContour(rect₂', z₃)  SMF→
        custom = [H₅ₓ] →

detectCarrier → carrierLocation = box₅
处理托架(1)
    flagStateChangeROI(rect₅)
        op(c4,1): cutContour(rect₅', z₁)      SMF→ cutContour(rect₅', z₂)      SMF→ cutContour(rect₅', z₃ )  SMF→
        custom = [H₅] →

处理LCD模块(1)
        op(c5,1): cutContour(rect₁''', z₁) → cutContour(rect₁''', z₂) → cutContour(rect₁''', z₃) →

后处理
        custom = [H₆]
结束拆卸
```

图 6.22 Type-I 和 Type-II 的拆卸过程概述

对于 Type-I，通常首先去除 PCB 盖板，接着是其下方的 PCB。由于组装方向的缘故（如 PCB 通常位于托架上方），这些连接很容易被发现，故而可以直接进行操作，并且可以从上方进行拆卸操作（如图 6.16a 所示）。拆卸过程一直进行，直至到达 LCD 模块所在的位置。另一方面，对于 Type-II，PCB 通常连接在覆盖 PCB 的托架上，如图 6.16b 所示。在这种结构中，PCB 无法从上方被接触到。当完成了覆盖区域的切割，操作 $op(c_2, 1)$ 之后，部分托架已经被分离了，不过 PCB 仍然在剩下的组件上。为了进一步分离 PCB，必须在相反方向上重新将该组件安装到实验装置中，并在完成初始过程后继续执行第二次拆卸任务。

执行这个额外的操作过程是低效率的，因为这需要消耗一定的时间，然而对于未知模型来说这个过程通常是不可避免的。在此模型再次出现时，认知机器人代理将识别到这种结构，并尝试改进过程。在单次运行中实现拆卸的策略是从托架背面切割螺钉。然而，由于其尺寸较小，视觉系统模块难以从这一端检测到螺钉，因而对这些螺钉的定位需要一次手动示教。认知机器人代理会学习示教的位置，并在后续过程中自动执行此步骤。因此，PCB 也能够以一种无需重新加载的方式从 Type-II 结构的托架上分离出来，而螺钉会仍然与 PCB 相连接。

2. 未知模型

在该实例中，分离 PCB 状态下的拆卸过程是分析重点（参见图 6.22 所示框出的部分）。在拆卸过程开始时，认知机器人代理通过请求与现有数据库的比较来检测产品型号。结果表明该模型未知，因此，这种拆卸是作为一个试错过程进行的。对检测到的主要组件的操作会根据每个拆卸状态来执行。在未知 PCB 的状态下，认知机器人代理发送感测动作 detect-PCB。作为回应，视觉系统模块发送包含 PCB 列表信息的状态变量：$pcbLocation = [box(x_{11}, y_{11}, x_{21}, y_{21}, z_{11}, z_{21}), box(x_{12}, y_{12}, x_{22}, y_{22}, z_{12}, z_{22})]$。第一个 PCB 的拆卸操作开始。认知机器人代理的学习过程体现在如图 6.22 所示框出的状态变量。可以看出，只有关键位置是在总体工艺规划中进行收集的。同时，系统记录了所有在人工辅助时获得的动作序列。

首次进入该拆卸状态时，PCB 的初始状态会被标记以进行基准测试。其主要关注一个用状态变量 $rect(x_{11}, y_{11}, x_{21}, y_{21}, z_{11})^{\ominus}$ 表示的 PCB 上的矩形 ROI。用来观察初始状态的动作是 $flagStateChangeROI(x_{11}, y_{11}, x_{21}, y_{21}, z_{11})$。

之后通过拆卸螺钉连接，尝试进行半破坏性拆卸。认知机器人代理请求感测动作 detect-Screws。视觉系统模块返回一个包含检测到的螺钉 $screwLocation[(x_{11}, x_{21}, z_{11}), \cdots, (x_{n1}, x_{n1}, z_{n1})]$ 在内的状态变量列表。拆卸螺钉的操作 $op(cs, 0)$ 在多个位置重复执行螺钉切割操作任务，直到到达列表的末尾。执行监控程序在每次操作后会运行一次$^{\ominus}$。如果状态发生变化，系统会继续拆卸下一个 PCB。然而，第一个 PCB 的示例表明，该组件总是无法在第一次操作中就被分离。

一般工艺规划中拆卸 PCB 的操作 $op(c_3, 1)$ 使用具有偏移的矩形轮廓作为切割路径和切割方法 m。切割操作从 z_1 处的顶面开始，并且在每个操作循环中逐渐向下增加切割深度，

⊖　$rect(x_{11}, y_{11}, x_{21}, y_{21}, z_{21})$ 用 $rect_1$ 表达，偏移的切割路径用 $rect_1'$ 表达。工作规划将切割深度调整到一个特定的深度 z。

⊖　操作顺序与转移符号 <code>→ 相连。"code" 表示了状态转移过程中执行的具体动作，其中 F 代表 flipTable，S 代表 checkStateChange，M 代表 checkCuttingMethod。

直到达到边界条件 z_3。操作 $op(c_3, 2)$ 和 $op(c_3, 3)$ 是以各自的偏移量和切割方式重复进行的。如果在执行完所有一般工艺规划之后，PCB 仍然无法移除，将通过人工辅助示教提供一系列的动作顺序并以变量 custom 来表示。它记录了示教动作顺序的完整信息，包括路径 x，y，z 和特定切割方法 m。在这种情况下，所示教的动作会连续切割两条直线，随后该组件得以拆下。

之后，系统继续处理第二个 PCB。该示例表明在第二次尝试工艺规划中的操作 $op(c_3, 1)$ 之后成功分离了 PCB。然后拆卸过程就进入下一个拆卸状态，对下一个主要组件进行处理。系统会经过后续的状态，直到接触到目标组件，即 LCD 模块。由于系统已经预先学习了关于产品和过程的相关知识，现在再次遇到相同的模型时就可以顺利地执行任务了。

3. 已知模型

下面重点介绍从前面的拆卸过程中学到的知识库中的知识。图 6.23 所示为知识库的学习和改进，以及每个状态下的操作。其包含分离 6 个主要组件的整个拆卸过程。最初，在第一次拆卸模型时，认知机器人代理获得了产品层面（如图 6.23a 中第 I 部分所示）和组件层面（如图 6.23a 中第 II ~ VII 部分所示）的知识。

在多次拆卸该模型之后，知识库就会发生显著改变（如图 6.23b 所示）。在改进过程中，知识库的优化升级通常有三种形式：精减操作规划、学习新的组件位置及学习初始切割动作。

通过删除冗余的一般工艺规划并进行精减，可以减少所消耗的时间而使得整个过程更有效率。新的组件位置由操作者进行示教，以解决由视觉系统模块引起的检测误差。该过程提高了切割操作的准确性，以及基于当前位置的状态变化的评估水平。即使用给定模型训练过拆卸操作，也可以人工示教其他初始动作。额外的切割操作可以解决由同一模型中的变化（如产品使用阶段的修改）及操作中的不确定性（如工具磨损、熔融塑料和切割深度的视觉感测失真等）所带来的问题。因此，即使将来面对同样的问题，该过程也能变得更稳健。

然而，由于这些额外的操作，操作时间会稍微增加。通过对知识库的改进，该系统能够提高自身性能，从而减少处理时间和需要人工辅助的可能性。

在每个状态下人工示教操作的 xy 切割路径如图 6.23c 所示，而且这些操作均被记录在知识库的附加规划中。该 xy 切割路径在刀具采用不同深度的情况下重复多次，这是因为人类操作者没有先验的切割终止深度，系统会按照操作者的指示进行试错操作。因此，系统只有在执行完整的工艺顺序之后，才会对关键的初始动作进行学习。图 6.23c 中的两条示教切割路径的学习过程如图 6.24 所示。从 6 个示教的切割动作中，系统只记录了 2 个初始动作，包括一个轮廓和一条线切割路径。

6.8.2 主要性能指标

该系统通过执行拆卸过程来进行验证。实验旨在从两个角度评估系统的性能：①灵活性和鲁棒性，②在学习和改进方面的性能，而关键性能指标（KPI）有三个：拆卸完整性、时间消耗、人工辅助的需求。

1. 拆卸完整性

拆卸的完整性需要考虑两个方面：过程完整性和材料分离效率。首先，过程完整性描述了系统分离所有要求组件的能力。如果最后所有主要组件都彼此分离，则认为拆卸过程是完整的。过程完整性还与产品的结构类型相关，因为它们所需的处理次数不同。

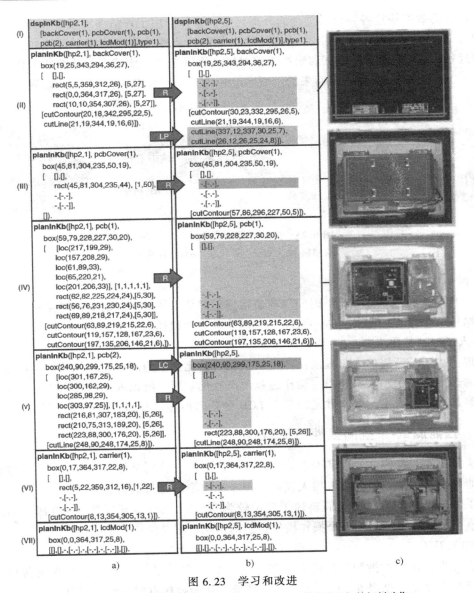

图 6.23 学习和改进

注：“R”代表精减操作规划；LC 代表学习新的组件位置；LP 代表学习初始切割动作。

由于 LCD 模块能够不执行额外的切割操作而拆下，因此，图 c 的第Ⅷ部分中没有显示的照片。

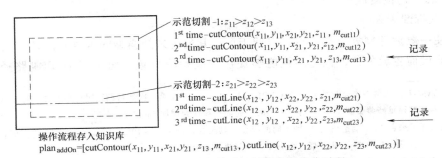

图 6.24 附加规划中学习切割操作的优化过程

材料分离效率描述各种材料类别的分离纯度。该标准用于评估输出废块和碎渣而非完整组件的（半）破坏性拆卸的性能，其值是通过与初始条件的重量相比来计算的，评估在所有拆卸过程完成后进行[⊖]。根据四组被观察材料的重量来进行比较：①从背板和前盖板而来的塑料，②从 PCB 盖板和托架而来的钢材，③PCB，④复合组件，即 LCD 模块。拆下的组件如图 6.25 所示。

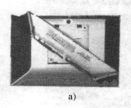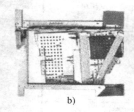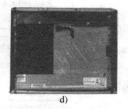

图 6.25　按材料类型分类拆下的组件
a）塑料　b）钢材　c）PCB　d）LCD 模块

2. 时间消耗

由于与操作成本直接关系，时间消耗通常用于评估系统效率。时间消耗是对每个过程的开始到结束整个过程的测量，其中忽略了手动装载和卸载样品的准备时间。

3. 人工辅助的需求

实现上述任务所需的人工辅助次数是对系统自动化水平的间接衡量，而这一指标也是较难衡量的。因为每次示教都是单一动作过程的离散化应用，所以人工示教次数是人工辅助需求量的客观度量。人工示教次数是对每个 LCD 屏幕的拆卸从开始到结束的过程进行统计的。

6.8.3　性能测试-系统的柔性（灵活性）

系统的柔性和鲁棒性描述其处理非先验模型的能力，特别是处理其具有的不确定性和多变性的能力。其中，尤以认知机器人代理处理未知模型的能力最为重要。

为了评估系统的柔性，我们整理了应用较为广泛的 LCD 屏幕模型[⊖]的首次拆卸过程的结果。整个系统的性能受到每个操作模块性能的影响，现总结如下。

1. 视觉系统

由于（半）破坏性拆卸方法会对主要组件造成一定的损坏，视觉系统的识别和定位性能相对于理想情况（见表 6.3）而言会略有降低。切割操作有时会破坏组件的一些易于视觉识别的常见特征。与理想情况相比，识别精度通常会降低 5% ~ 10%，定位精度通常为±1mm，状态变化检测准确性保持不变。

2. 一般拆卸规划

我们使一般拆卸规划自动运行，以便于评估其处理未知模型的鲁棒性。理论上，参数是基于一种假设而生成的，即视觉系统能够提供准确检测位置。而由于 xy 切割路径[⊜]的最大

位置误差为 6.5mm，最大深度误差约为 3mm，因此对所有组件进行拆卸的完整过程有时很难自动完成。又由于所要求的视觉系统检测准确度难以达到，因此就需要额外的操作（如人工辅助）来对这些误差进行补偿。

　　系统自动运行的失败是由不准确的 xy 切割路径、不足的切削深度和不可检测的连接所引起的。就切割深度而言，在某些情况下，我们会有意地预先定义一个较小的切割深度，以减少误切割其他组件的概率。例如，如果背板被切得太深，托架边框就可能在当前拆卸状态中被切下，导致托架、PCB 盖板和 PCB 被同时拆下，然而它们仍然彼此相连，这就需要执行第二次操作以进一步拆卸。由于切割深度不足，这种预定义设置可能导致较高的失败率。

　　显然，与其他组件相比，拆卸 PCB 盖板的成功率会高一些。这可归结于认知机器人代理以不同的切割偏移量执行工艺规划的能力。切割路径的这种变化性能补偿了视觉系统的定位误差。我们说高成功率是必要的，因为拆卸操作的结果是用于确定产品结构的。尝试过程花费额外的操作时间也是值得的，因为如果系统学习了成功的切割路径，则其在随后出现相同模型的拆卸操作任务时就会生成比较高效的操作方法。

　　简言之，总体规划的拆卸成功率比较低，但是所有组件都可以在人工辅助之后被拆下（见表 6.5）。不成功的操作规划通常会间接地导致破坏重要连接的拆卸过程的发生，接下来再由人工辅助改进此拆卸过程的完成。

表 6.5　拆卸主要组件的规划成功率

主要组件	拆卸主要成分的成功率(%)				
	总体规划自动运行				人工辅助
	工艺规划-0	工艺规划-1	工艺规划-2	工艺规划-3	
背板	—	0	0	12.5	100.00
PCB 盖板		46.67	33.33	—	100.00
PCB	0	0		17.65	100.00
托架	—	16.67			100.00
LCD 模块	—				

3. 拆卸完整性

　　基于我们所设计的执行监控策略，系统可成功识别出 Type-Ⅰ 和 Type-Ⅱ。但是，对托架的 PCB 盖板部分移除失败时，可能会发生一些错误的材料分类。大约 70% 的样品可以在第一次操作时就完成，剩下的 30% 要在第二次操作后完成。认知机器人代理直接获得了第一组的操作过程参数。对于第二组而言，螺钉切割参数在随后的改进策略中获得，并用于指导后续的切割作业。

　　关于材料产出，约 97.36% 的分离部分为块状物料，剩下的 2.64% 为碎渣。考虑到整个产品，98% 的材料被分离和收集，而其他 2% 的材料因为切割过程的性质会变成小的碎渣和灰尘。对于每个类别而言，分离塑料和复合材料（LCD 模块）的效率均超过 93%，PCB 和钢材的效率约为 85%。LCD 屏幕拆卸的关键问题之一是可能会损坏位于 LCD 模块内的CCFL。在本项目中，由于托架的切割操作，大多数情况下 LCD 模块会发生轻微的损坏。然而，由于预定义的限制，没有出现 CCFL 损坏的情况。

4. 时间消耗

过程的持续时间取决于屏幕的复杂性和大小。平均而言，大约 97% 的总耗时是由物理操作产生的[下标符号]，1.5% 是由视觉传感和人工智能（AI）产生的[下标符号]，另外 1.5% 是由数据传输活动产生的。自主性的试错过程占据了整个拆卸过程的 67%，其余的 33% 是由人工示教来完善的。

完成整个拆卸过程所需的平均时间为 48min。根据样品的复杂程度，用时范围在 32 ~ 60min 之间。与传统的手动拆卸相比，该处理时间较长。然而，每个模型的拆卸过程可通过学习和改进策略进一步优化。首先，减少用于试错和学习的冗余操作，包括第二次操作和人工辅助所需的翻转工作台和重新装载操作。每种操作所消耗的时间如图 6.26 所示，大多数的翻转台翻转动作和切割动作都是多余的。通过消除这些冗余操作，至少可以平均节约 11 ~ 16min。成功的切割方法还会进一步缩短切割方法试错和从碰撞中恢复的时间。其次，冗余切割操作将被精减。最后，当切割深度已知时，可以采用更大的步长来加速拆卸过程。恢复时间取决于所需操作过程的特点。从以下部分的结果可以看出，时间消耗最终减少到 24min 左右。

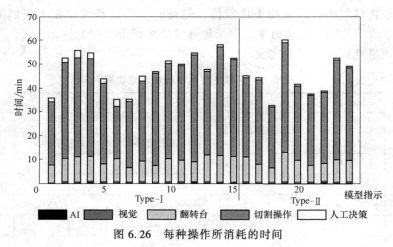

图 6.26　每种操作所消耗的时间

5. 人工辅助的需求

提供人工辅助中 99.9% 的情况都包括了对初始切割路径的示教。小于 0.1% 用于校正拆卸状态中或组件检测中的错误。每种型号的总体人工辅助次数如图 6.27 所示，其中 Type-I 和 Type-II 的次数分别表示了出来。两种类型的数量是相近的，平均值为 32 次，用时范围在 12 ~ 56min。对 Type-II 所进行的人工辅助普遍发生在第二次操作中，也就是为了切割螺钉所需要的示教。

⊖　一个操作循环中的操作流程

1）翻转操作（8.45s）和状态变化检查（2.45s）；

2）更新角磨机的尺寸，运动和视觉检查（4.19s）；

3）切割操作（平均 33.75s）。该过程耗时在 5.09 ~ 186.91s 之间（95% 以上的数据都在 0 ~ 100s 内），这主要取决于切割路径的长短和切割方法试错时的变化。

⊖　AI 的活动包括人类操作者在示教步骤中的决策过程，每次示教动作约 5s。

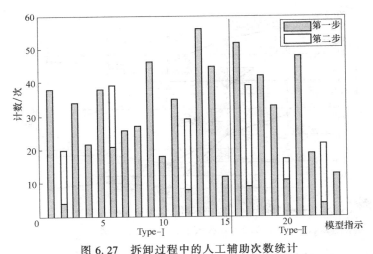

图 6.27　拆卸过程中的人工辅助次数统计

6. 小结

总而言之，总体操作规划能够完成拆卸未知模型所需的大部分工作，但无法在没有人工辅助的情况下完成此过程。人工辅助解决了所有剩余的不确定性工作，补偿了对系统感知的限制。由于在各种情况下均实现了部件分离，因此可以断定，通过物理结构和垂直切割方向可以实现拆卸。然而，需要减小时间消耗和提高效率才能与传统的手工拆卸相竞争。即使在首次拆卸未知模型时并不能实现完全的自动化操作，但系统能够学习掌握其中的工艺参数。该系统有望通过对每个给定型号的报废产品实施拆卸工作来积累更多的经验，从而增加自身的自动化程度。

6.8.4　性能测试-学习和改进

该测试旨在评估系统在学习和改进从先前执行的拆卸过程中获取知识的能力，这些行为有望提高拆卸过程的性能。测试是在两个模型上实施拆卸操作，它体现了两种结构类型的典型特征。每个模型都被拆卸五次，每次拆卸均建立在之前拆卸过程中所学到的知识的基础上，以便展示由于学习和改进而产生的性能提高的趋势。

结果显示，在最初的几次改进中，在时间消耗和所需的人工辅助次数方面，该系统的性能得到了显著的改善。随后，系统性能保持大致恒定，且具有较小的波动性，如图 6.28 所示。以下会对两种结构类型之间存在的显著差异性进行详细的说明。

1. Type-I 结构

我们期望整个拆卸过程在一次操作中完成，这种执行要求在 Type-I 模型的第一次拆卸中就得以满足。在第 1 次拆卸（Rev-1）中，总时间消耗为 47.9min，共有 37 次人工辅助示教。大约 70% 的人工辅助是为了加深切割深度，而这是由于系统自己给定的切割参数不足以分离组件所造成的。改进工作不断继续进行，直至到达第 5 次拆卸（Rev-5）。与第 1 次拆卸相比，第 2 次拆卸（Rev-2）的时间消耗降低到 89%，第 3 次拆卸的时间消耗（Rev-3）降低到 52%，在第 3 次拆卸（Rev-3）和第 5 次拆卸（Rev-5）过程中时间消耗仅有 5% 的小波动。人工辅助方面也有类似的趋势，人工辅助次数在第 2 次拆卸（Rev-2）中急剧下降至 16%，之后就维持在 3% 的波动范围内，最后在第 5 次拆卸（Rev-5）下降至 0%。

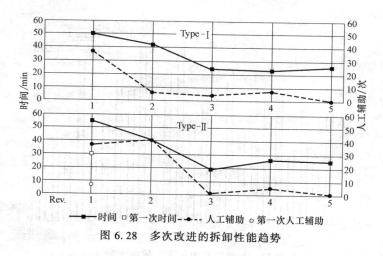

图 6.28　多次改进的拆卸性能趋势

总之，随着修正过程的推进，系统的总体表现和性能会逐步提高。最终的拆卸时间为25.7min，并且在最后的测试中不需要进一步的人工辅助。修正后的材料分离效率没有显著差异，维持在98%左右。

2. Type-Ⅱ结构

由于托架下方PCB的配置特性，第1次拆卸需要进行两操作才能完成拆卸过程（Rev-1）。然而，由于从PCB外部切割螺钉的策略已被掌握，因此在第2次拆卸（Rev-2）中能够快速解决这个问题，并且只需要运行一次。不完全分离的托架和PCB板，以及在该策略指导下执行第二次材料分离操作后的结果如图6.29所示。

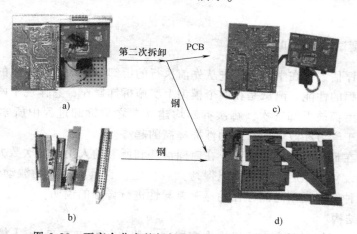

图 6.29　不完全分离的托架和PCB及第二次拆卸操作

a) 不完全分离的PCB和托架　b) 从托架切断钢制部件　c) 完全分离的PCB　d) 完全分离的托架

在第1次拆卸（Rev-1）中，总时间消耗（第一次操作、第二次操作和重新装载所消耗时间的总和）为28.1min+22.0min+5.0min=55.1min，前两次操作总共的人工辅助次数是8次+30次=38次。与Type-Ⅰ类似，第1次拆卸（Rev-1）中的大多数人工辅助是为了加深切割深度。在第2次拆卸（Rev-2）中，认知机器人代理意识到需要预先运行多次，而现有的仅是一个次优解决方案。因此，其请求人工辅助来实施螺钉切割策略。结果，时间消耗下降到74.5%。然而，由于请求了更多的人工辅助，人工辅助次数也相应增加到首次运行的107.9%。在第1次拆卸（Rev-1）中，切割深度的问题几乎完全被解决了。由于视觉系统模块在这种情况下无法检测到螺钉，因此第2次拆卸（Rev-2）中90%以上的人工辅助都是用来指导螺钉切割策略的。本次拆卸中获得的知识便已经能够满足更高效的单次运行要求。在第3次拆卸（Rev-3）中，这两个指标都出现了大幅下降，与第1次拆卸相比，时间消耗下降到34.5%，人工辅助次数下降到2.6%。由于过程中存在的不确定性，第4次拆卸（Rev-4）中的这两个指标都略微增加了约10%，并保持在这个水平直到第5次拆卸（Rev-5）。最后一次拆卸的时间为25.1min，是第1次拆卸的45.5%，并且不再需要人工辅助。材料分离效率约为90%，并且改进期间没有显著的差异性。拆卸结果如图6.25所示。

3. 过程中的不确定性

结果表明，在几次拆卸中的性能具有波动性，例如Type-1的Rev-4和Rev-5，以及Type-Ⅱ的Rev-3和Rev-4中均存在上述情况。这些波动是由视觉系统和拆卸操作的不确定性所引起的。

首先，视觉系统的重大不确定性是由切割时用于顶面定位的测量深度参数的不准确性所引起的。测量深度参数的精度表明测得的顶切割平面高度与实际顶面之间存在着大约±3mm的位置误差。如6.30所示，这种不准确切割可能导致额外的切深重复操作。基于先前的操作经验，认知机器人代理从起点开始切割，直至目标深度z_{dst}。当感测到的顶面太高时，则需要额外的切割，如图6.30b所示。这种额外的切割导致额外的操作时间，并且这种变化也受传感器精度的限制。

其次，拆卸操作中会有不能完全重复的切割，在以前的过程中成功分离组件的相同操作可能在后续过程中失败。这些问题是由两个不确定因素引起的：①切割刀具的磨损率不均匀，导致切割位置的微小差异；②材料对不同工艺参数的不确定物理响应。例如，当使用更高的进给速度或更大的切割深度时，塑料件可能会熔化，导致组件粘在一起。这时就需要额外的人工辅助来解决这些微小的不确定性，故而会增加额外的时间消耗。

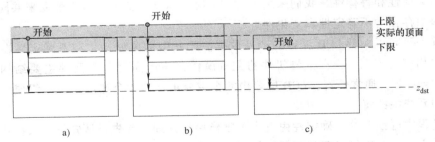

图6.30 由于切割起始高度的变化引起的不确定性
a）理想的情况 b）测得的深度过高 c）测得的深度过低

4. 小结

总之，由于学习和改进的实施，随着对每个模型实施更多的拆卸工艺，系统的性能提高到了一定的水平。对于Type-Ⅱ结构而言，我们尤其能够观察到这种性能改进，在第2次和后续几次拆卸中，只需运行一次就可完成拆卸。拆卸过程的时间消耗在前几次拆卸中已大幅减少，使得最终拆卸时间约为25min，约为第1次拆卸时间的50%。经过最初几次改进知识库变得稳定后，预计拆卸过程将可以自动执行，且无需任何或只需要极少的人工辅助。因为过程中微小的不确定性可能会导致性能在较小的范围内发生波动。

6.8.5 结论与后续改进

这些实验验证了系统的性能，证明其在应对报废产品存在的变化和不确定特征时能表现出一定的灵活性和鲁棒性。在一些人工辅助下实现的自动运行能够完成对每个给定样品的拆卸。此外，学习和改进策略可以提高系统的性能。经过一番学习和改进以后，该系统能够在更短的时间内完成整个拆卸流程，并在良好的条件下完全自动地执行所有任务。这些认知能力对于开发兼具灵活性和鲁棒性，并且只需要最小化成本投入的自动拆卸系统来说至关重要。该系统成功证明了认知机器人能够克服拆卸过程中的不确定性和多变性。

然而，与传统的手动拆卸相比，处理时间仍然很长，使得系统从经济成本上考虑并不可行。需要将时间消耗进一步减少到 6.2min/块（屏幕），计划从以下几个方面来进行改善。首先，如果切割工具可以在一个操作循环中接近目标深度，而不是逐渐加深切割，那么拆卸时间就可以减少到 9~11min。为此，我们就需要更强大和可靠的硬件。其次，所有的物理运动，如进给速度、工业机器人动作和翻转台面动作等都可以进一步被优化，进而减少执行每个动作所需的时间。

此外，考虑拆卸操作的直接成本，应该进一步完善系统，使之对操作人员的依赖最小化。还应改善总体规划，促进自动执行操作的能力。即使前面所提出的连接的常见位置的概念能够识别一定的边界偏移。而为了获得更高的成功率，也必须改进视觉定位的准确性。

6.9 小结

本章详细介绍了具有认知能力的自动化拆卸系统。作为一个研究项目，我们选择让该系统拆卸废弃的 LCD 屏幕。为了提高经济可行性，实施了（半）破坏性、选择性拆卸。为了增强系统的灵活性和鲁棒性，我们采用了拆卸策略、认知机器人和人工辅助来共同解决产品和拆卸过程中存在的不确定性和变化性。

我们首先研究了大量 LCD 屏幕的产品数据。产品中的典型变化和不确定性在不同型号 LCD 屏幕中均有所体现。根据主要部件的配置属性，该产品可分为两种主要结构类型，即 Type-Ⅰ 和 Type-Ⅱ。通常而言，LCD 屏幕由 6 个主要组件和 4 个连接组件所组成，该信息用于设计拆卸系统中的每个操作模块。

拆卸过程中可预期的不确定性由三个关键模块来处理。首先，认知机器人模块是根据所需的认知行为来控制拆卸过程的高层级规划器。这有助于解决产品结构和与拆卸规划相关的多变性问题。通过使用这种方法，拆卸过程还可以在后续过程中被学习和改进。其次，视觉系统模块识别和定位相关的主要组件和连接组件。该模块考虑了不同型号组件在物理外观方面的不同。最后拆卸操作单元模块对被拆卸样品执行物理操作。一般工艺规划旨在解决切割操作中的不确定性，特别是视觉检测和相关知识不够精确的情况。此外，操作人员利用该模块进行示教，帮助系统在自动运行失败的情况下完成拆卸任务。

最后，拆卸操作单元模块不仅执行自己的特定任务，还有助于解决其他模块未解决的问题。例如，在连接组件偶尔被视觉系统模块误检测的情况下，系统会根据认知机器人代理做出增加组件拆卸成功率的决策，多次执行拆卸操作单元模块中的总体规划。总之，实验证明作为一个整体，该系统具备能够自动拆卸大量不同型号的 LCD 屏幕的能力。

参 考 文 献

［1］ KERNBAUM S, FRANKE C, SELIGER G. Flat screen monitor disassembly and testing for remanufacturing ［J］. International Journal of Sustainable Manufacturing, 2009, 1 (3): 347-360.

［2］ RYAN A, O'DONOGHUE L, LEWIS H. Characterising components of liquid crystal displays to facilitate disassembly ［J］. Journal of cleaner production, 2011, 19 (9-10): 1066-1071.

［3］ ELECTRICAL W. Directive 2002/96/EC of the European Parliament and of the council of 27 January 2003 on waste electrical and electronic equipment (WEEE) ［J］. Official Journal of the European Union, L, 2003, 37: 24-38.

［4］ FRANKE C, KERNBAUM S, SELIGER G. Remanufacturing of flat screen monitors ［C］//Innovation in life cycle engineering and sustainable development. Dordrecht: Springer, 2006: 139-152.

［5］ KIM H J, KERNBAUM S, SELIGER G. Emulation-based control of a disassembly system for LCD monitors ［J］. The International Journal of Advanced Manufacturing Technology, 2009, 40 (3-4): 383-392.

［6］ UHLMANN E, FRIEDRICH T, SELIGER G, et al. Realization of an adaptive modular control for a disassembly system ［C］//The 6th IEEE International Symposium on Assembly and Task Planning: From Nano to Macro Assembly and Manufacturing, 2005 (ISATP 2005). New York: IEEE, 2005: 32-35.

［7］ REESE G. Database Programming with JDBC and JAVA ［M］. New York: O'Reilly Media, Inc., 2000.

［8］ VIGGIANO J A S. Comparison of the accuracy of different white-balancing options as quantified by their color constancy ［C］//Sensors and Camera Systems for Scientific, Industrial, and Digital Photography Applications V. New York: International Society for Optics and Photonics, 2004, 5301: 323-333.

［9］ CHANG F, CHEN C J, LU C J. A linear-time component-labeling algorithm using contour tracing technique ［J］. computer vision and image understanding, 2004, 93 (2): 206-220.

［10］ VIOLA P, JONES M. Rapid object detection using a boosted cascade of simple features ［C］//Proceedings of the 2001 IEEE computer society conference on computer vision and pattern recognition. CVPR 2001. New York: IEEE, 2001, 1: I-I.

［11］ BAY H, ESS A, TUYTELAARS T, et al. Speeded-up robust features (SURF) ［J］. Computer vision and image understanding, 2008, 110 (3): 346-359.

［12］ VONGBUNYONG S, KARA S, PAGNUCCO M. General plans for removing main components in cognitive robotic disassembly automation ［C］//2015 6th International Conference on Automation, Robotics and Applications (ICARA). New York: IEEE, 2015: 501-506.

第7章

基于智能制造的拆卸自动化
现状与未来发展方向

本章主要介绍项目组研究工作所开发的拆卸自动化系统和认知机器人系统的最终结果，并总结了研究过程中的经验教训，以及今后工作的总体方向。

7.1 技术层面的总结

根据第3章提出的拆卸自动化原理，整个系统由拆卸操作单元、视觉系统和智能代理三大要素组成。分别采用拆卸操作模块（DOM）、视觉系统模块（VSM）和认知机器人模块（CRM）来构成。

7.1.1 拆卸操作模块

拆卸操作模块主要负责拆卸过程中所进行的各种物理操作，涉及三个主要部分，即产品分析、硬件设计和操作规划。

1. 产品分析

一般来说，需要特定型号的产品结构信息，以作为选择性拆卸操作和最优拆卸顺序规划的基础。然而通常情况下，很难从报废产品得到特定产品的结构信息，例如其 CAD 模型和装配顺序。虽然可以对特定的报废产品进行检查和研究以获得这些信息，但是在实际的报废产品处理行业中，还是缺乏可行性。因为从市场上所回收的报废产品种类极其繁多，而且每种报废产品的批量也是不可预测的。

在本研究中，我们首先对产品族进行分析，以期找到不同型号产品结构信息之间的主要差异。然后设计认知机器人代理用来应对拆卸过程中的不确定性和差异，从而避免了对先验模型中特定信息的需求。最后我们建立了一个较为宽泛的产品模型来指导拆卸工艺。该模型足够宽泛，可以涵盖不同型号之间的差异；但又不过于宽泛，以至于无法限制所需搜索空间的大小。在本书的研究中 LCD 屏幕中主要组件的结构顺序是相当一致的，因此我们只定义了两种型号的产品结构。此外，为设计工艺规划和确定拆卸所需工具，还需要确定组件（主要组件和连接组件）的类型和特性。

2. 机械系统

机械系统作为拆卸操作的基础单元，就是根据上述要求设计的。一般而言，目前的研究趋势主要集中在以下两个方面：①开发整个拆卸系统；②开发特定的拆卸工具，以拆除各种类型的连接件。本研究中，自动拆卸工作站的主要部件是带有拆卸工具的夹具和夹持系统、工业机器人。

紧固件的自动拆卸通常需要专门设计的工具，并且拆卸动作需具有一定的准确性。更高的精度可以通过力-转矩控制或闭环视觉反馈来获得。此外，主要组件的拆卸通常使用夹具来实现。系统的复杂性通常会随着组件不同的几何形状和牢固夹持的需求而增加。然而在这两种情况下，物理条件的不确定性都会导致拆卸过程中的困难性。如果能够识别失败的拆卸操作，系统就可以通过执行一种替代的受控工艺顺序来恢复到正常状态。

在本项目的研究中，采用（半）破坏性方式处理拆卸过程的不确定性时获得了较高的成功率，能够通过较低的力-力矩和位置控制精度来达到组件分离的目的。此外，通过使用可转位翻转台来避免夹具和夹持系统的复杂性，翻转台能够在不确定几何形状的情况下拆分部件。研究结果所提出的设计简化了操作过程并降低了系统的安装成本。

3. 作业计划和工艺参数

在预先知道特定产品相关信息的情况下，就可以预定义工艺规划和工艺参数。然而，这通常是很难实现的。因此，制订和运用工艺规划和工艺参数的方法是本研究的主要贡献之一。但是，也仅是提供了较宽泛的工艺规划和工艺参数方案，以作为认知机器人代理以试错模式执行拆卸过程时，在空间中搜索待拆组件时的空间可选点。因此，便不需要预先提供特定产品的结构信息。

在本研究中，每种型号组件的一般工艺规划由根据与其相对应的连接组件的大体位置的统计信息来制订。鉴于将主要组件部分损坏是可以接受的，与其破坏连接组件（半破坏性方法），不如在主要组件的边缘附近切割（破坏性方法）以分离其大部分材料，而这就是最有效的操作。其主要优点是可以补偿顶部安装的视觉系统对一些紧固件无法检测的缺陷，如隐藏的卡扣和边缘位置的螺钉。该方法还能够确认工艺参数，例如为移除某部分而成功切割的临界深度，这种深度是从外部所看不到的。

7.1.2　视觉系统模块

视觉一般是拆卸自动化中的主要感测方法。视觉系统模块的主要功能是检测、识别和定位拆卸过程中的组件。感测能力对于拆卸过程至关重要，因为某些信息仅会在拆卸过程中显现。因此，需要不断更新操作过程的当前状况，以便认知机器人代理做出恰当的决定。在本项目研究中，视觉系统模块的设计从硬件性能和算法两个角度考虑，能够应对组件的物理外观、数量和位置的不确定性。

1. 硬件性能

目前，有许多具有不同优点和局限性的技术用于感测 2D、2.5D 和 3D 中的物体信息。必须根据拆卸过程的要求来对这些技术进行选择。在本项目研究中，彩色和深度相机用于生成 2.5D 图像映射。如此选择，可以获得较高的经济性并消耗较少的计算资源。但也存在一些问题需要解决，如红外深度传感器在垂直于红外线发射方向的反射性表面上会发生数据丢失；检测精度会在物体边缘处降低。这些问题可以通过忽略不相关数据的过滤算法部分地消除。边缘处的误差则通过在工艺规划中设置适当的切割偏移量来应对。

2. 检测算法

目前还没有可以有效地检测所有类型组件的通用解决方案。在大多数情况下，需要通过组合多种机器视觉和模式识别技术来实现对特定类型组件的检测。由于不可预测的报废条件，如损坏、部分遮挡和组件缺失，检测问题也变得更加困难，检测器也必须能够解决这些问题。

在本项目研究中，提出了共同特征的概念来表示检测对象在外观上的变化，并据此实现了基于规则的组件识别方法。这种识别技术是本项目研究的一个贡献。预定义规则是根据从样品观察到的每种类型的组件的共同物理外观来开发的，开发的算法能够准确地识别组件的类型和位置。这样就足够灵活以应对产品在不同型号之间的差异，但是根据组件损坏程度的不同，其性能会有所不同。

本项目研究中视觉系统的另一个重要功能是评估操作的完成程度。该评估是执行监控的一部分，执行监控就是通过检查拆卸状态的变化来完成的。该监控旨在支持破坏性拆卸，其中，拆卸成功被定义为成功拆卸组件的重要部分，而非全部。检测器的开发基于彩色和深度图像的相似性测量。结果已经证明，在确定拆卸状态变化时，可以达到约95%的准确度。

7.1.3 认知机器人模块

自动化拆卸系统的作业过程是通过智能代理来控制的，为了使系统具备更好的鲁棒性，并具备一定的柔性，智能代理需要根据当前采集的感知信息和已有的知识库来对控制策略进行规划和调整。

在本项目研究中，认知机器人代理具有四种认知功能：推理、执行监控、学习和改进。与产品结构相关的不确定性因素就是通过该代理来解决的。认知机器人模块由认知机器人代理和知识库组成。认知机器人代理控制系统的行为和知识库，而知识库包含了从先前的拆卸过程中所获取的与模型相关的知识。利用认知机器人代理的最大益处是系统能够根据实际执行输出来做出决策。据此，系统可以通过学习操作人员给出的新指令来改进先验知识，进而提升性能。基于这些功能，系统具备了对多种产品模型进行灵活处理的柔性，以解决规划层面和实际操作层面的不确定性问题。

1. 总体结构和语言平台

在总体结构上，认知机器人是基于"感知-动作"的闭环循环来表示系统的行为特征的，即感知动作、推理、学习、规划、行为控制和人机交互。认知机器人代理是采用基于场景计算的行为编程语言 IndiGolog 来编写的。它对于本研究的好处是能够在线执行，并支持对外部行为的感知，这就使认知机器人代理能够有效应对动态变化的外部世界。在 IndiGolog 语言中，系统的行为可以清晰地表述为动作、条件和结果，这也非常有利于系统的开发过程。

2. 推理和执行监控

认知机器人代理是根据拆卸状态、拆卸域和执行输出的当前条件来推理和调度机器人动作的。在对已知模型进行拆卸时，该特定模型的相关知识也会被考虑进来作为推理条件。此外，当自动操作失败太多次时，认知机器人代理可以决定切换到人工辅助状态下，以得到人工操作的帮助。

对于未知模型，推理的关键是根据当前的主要组件来选择工艺规划和工艺参数。而这种选择就是根据两种主要产品结构的定义来删减"选择点"。其中，输入是通过组件探测器来获取的，而执行输出取决于执行监控器所获取的拆卸状态的变化信息。该输入被用于试错过程，以便发现影响拆卸状态变化的关键工艺规划和工艺参数。因此，这种方法也避免了预先提供拆卸顺序规划和拆卸工艺规划的需求。当然，认知机器人代理也需要学习已经生成的拆卸顺序规划和拆卸工艺规划。这也解决了由 PCB 等组件数量变化所导致的不确定性。对于已知模型，推理的目的是根据先验知识来执行相关的操作。在这种情形下，与组件类型和位置相关的感知输入就不那么重要了，因为这些信息属于已知信息。

认知机器人代理是根据预先定义的拆卸状态顺序来执行拆卸操作的，而这种顺序又是依据产品的主结构生成的。这种预定义的产品主结构的知识对系统可靠性的提高，是通过减小主要组件误分类的影响来实现的，而这种误分类在组件损坏时更容易发生。误分类的影响包括操作过程的无限循环和过多的物理性损坏，从而会导致系统过多的时间消耗和对错误信息的学习。采用较宽泛的产品结构的主要缺点是，当被拆卸的报废产品在结构上与已定义的结构模型区别较大时，系统就会无法处理，这种情况在结构较复杂的产品族中是可能会发生的。当然，在我们已有的案例研究中还没有发现这种情况。

3. 学习和改进

在本项目研究中，学习有两种形式。第一种形式是通过推理学习，认知机器人代理将学习预定义的一般工艺规划中的参数，就是在拆卸过程中，记录和学习系统成功拆下组件之前所执行的工艺规划和生成的参数。所有已执行操作的临界值都需要被记录，因为某些切割动作即使不立即导致拆卸状态发生变化，也可能间接地导致组件分离。第二种形式是通过示教学习，认知机器人代理从人工辅助克服系统未解决问题的过程中学习新知识。人工辅助也可能用于改进由不准确的视觉检测所引起的原始模型定义，例如关于主要组件的存在性或状态变化的发生条件。此外，人工辅助还可能以额外的原始切割操作（定制计划）动作顺序的形式提供，来辅助完成对不可检测或需要更大切割深度的冗余连接部分的拆卸。

学习的主要好处是减少拆卸已知模型时对人工辅助的需求。通过跳过冗余步骤，如翻转台翻转和视觉检测等，时间消耗可以稍有减少。自主学习模式的局限性在于，知识不能在不同的模型之间做自适应调整。因此，在对每个未知模型进行首次拆卸期间，通常由操作人员提供特定信息。然而实验结果证明，由于系统能够自主学习和执行人工示教的操作，因此认知机器人代理在应对随后出现的模型时，所需人工干预可以显著减少。

在改进过程中，通过对已学习的冗余操作方案进行精减，已知模型的拆卸过程可以得到优化。那些对主要组件的拆卸没有贡献的冗余操作，可以通过以其他顺序执行工艺规划，并且在规划中的所有动作都被执行完之前，检查组件的拆卸状态来得到检查和发现。在本项研究中，通过调整规划中的操作顺序，以一种简化形式验证了这一想法。

实验表明，在出现少量相同模型之后，工艺效率显著提高。时间消耗较该模型第一次出现减少了 50% 以上，而且在最初几次改进之后，无需人工辅助，拆卸操作便能够自动进行。然而，由于视觉定位和物理操作的不准确性，会有轻微的波动出现。

总之，在最初几次拆卸尝试后，系统对特定模型的拆卸性能在每个方面都有显著改善。这要归功于上述学习和改进策略，由于其能够从在线操作中获取特定模型的必要信息。因此，该过程可以在很大程度上以自主且可靠的方式进行。这种拆卸策略是其他现有研究工作还没有尝试过的。

7.1.4　应对不确定性的柔性技术

本项目研究建立了一个拆卸系统来应对不确定性，这些不确定性阻碍了拆卸自动化在报废电气、电子废物处理中的实现。这些不确定性通常可以通过操作模块的集成来自动解决。本研究采用的原则主要包括如下几点。

1）识别描述整个已知模型范围的宽泛的、抽象的产品结构。

2）按类型检测组件。

3）考虑到整个产品范围，提供和优化一系列可能操作的搜索空间。

4）从人工辅助中学习，人工辅助只在系统无法自主解决问题的情况下被采用。

主要不确定性包括：

第一点，报废状态的不确定性。这种视觉系统是否能检测到的不确定性预期由认知机器人模块和拆卸操作单元模块解决。这种不确定性导致系统无法准确地确定切割位置。对此，一般工艺规划作为拆卸操作单元模块的一部分被认知机器人模块所用，会在一个预期会断开相关连接的估算位置上切割主要组件。力-力矩反馈可用来检测碰撞，以及找到可实现操作的替代的切割方法。

第二点，供应产品的多样性。这主要涉及同一产品型号之间的组件外观、数量和位置之间的差异。其通过按类型检测组件来解决，而不是使用特定的模型。所有模型所共享的广义产品结构类别由认知机器人代理根据拆卸过程中的识别结果来确定。解决这些不确定性的成功与否取决于视觉系统的性能。

第三点，工艺和操作方面，工艺和操作规划的不确定性通常由认知机器人代理解决，它依靠推理和执行监控，通过试错法来获得有效的拆卸顺序规划、工艺规划和工艺参数。由传感器或执行机构的限制导致的错误，以及产品报废条件的不确定性，可以通过试错策略或人工辅助进行补偿。解决这些不确定性的成功与否取决于预定义结构和操作的准确性，以及对工艺参数的约束。

系统处理这些不确定性的能力已经在许多 LCD 屏幕上通过实验验证。自动拆卸操作的成功率在指定的约束条件不太严格时会有所增加，如最大切割深度较大时。当然，这将增加时间消耗，因为需要采用反复试错的方法来完成任务。在学习了特定模型的知识之后，不确定性和对人工辅助的需求都会大幅度减少。

这些原则的整合是弥合现有研究工作中不足之处的起点，因为在我们以往的研究中，只有已知的模型才能被自动系统所拆卸。

7.2 经济可行性

在工业场景的实践中，拆卸过程的一个主要问题是回收产品在数量和质量上的不可预测性。如果能保证以下的条件，则自动化拆卸系统在经济上就是可行的。

1）系统能够支持足够多的产品类型。

2）系统能够自主解决足够多的不确定性问题。

3）处理过程足够快。

4）能够避免操作人员直接接触有毒有害物质。

5）能够由拆卸结果实现较高程度的价值回收。

本研究解决了其中的一些问题。但是要正确评估自动化拆卸系统的经济可行性，需要优先考虑两个方面，即自动化系统的建设成本和系统的运行成本。

关于第一方面，本研究设计了一种能够灵活拆卸多种型号报废 LCD 屏幕的低成本自动化拆卸系统。使用破坏性拆卸方法和专门设计的工具，系统实现了较高的拆卸成功率。关于价值回收，破坏性的拆卸结果仅适用于材料回收。该系统应针对非破坏性或半破坏性的拆卸，以获得更高的价值回收。

关于第二方面，时间消耗也是影响运行成本的关键问题。对此，目前的原型系统还需进一步改进和完善。相比于平均拆卸速度为 6.2min/块[1] 的手工拆卸工艺，本项目研究中的系统目前大约需要 48min 来拆卸一块模型完全未知的 LCD 屏幕样品，在经过若干次自学习和改进之后，拆卸时间下降到 24min。在后续研究工作中，还应对物理操作和硬件性能进行改进，以突破此限制，并争取将拆卸时间缩短到 10min 以内。

7.3 研究结论与未来方向

7.3.1 主要结论

在拆卸自动化的发展中，能够灵活应对不同类型和型号产品对工业化应用是至关重要的。本项目研究应用认知机器人和相关操作模块，验证了自动化拆卸系统的经济可行性。此外，学习和改进修正是使系统根据以前的经验改善工艺性能的关键功能。即便操作者需要参与拆卸处理的第一阶段，即收到未知模型的阶段，系统仍然会从此过程学习知识以具备更高的自主性。

7.3.2 未来方向

在后续工作中，应该进一步完善系统以提高其经济上的可行性。首要目标是通过提升系统硬件性能和优化操作，使系统的效率和柔性接近手工拆卸工艺的水平。此外，应扩展系统以支持更多类型的产品。

为此，认知机器人代理的行为就会变得更加复杂，以应对更多类型的废旧产品中的不确定性。目前的自学习和改进策略是基于特定模型的，因此，必须开发出使认知机器人能够根据已有知识模型来拆卸其他产品模型的改进策略。这种改进可以采取学习广泛的规则的形式来实现，这些规则将已掌握的操作和参数与新的观测值相关联，随着经验的增加，系统自动处理未知产品模型的能力也会提高。

机械系统也需要通过增加各种拆卸工具和夹持装置来进行扩展，以便于以非破坏性方式拆卸所选组件。这对提高拆卸结果的经济效益是理想的，因为未损坏的组件可以作为备用件重新进入产品生产线或者用于再制造。此外，系统各方面都应基于模块化思想进行设计，例如系统的装夹机构应被重新设计，以便对不同产品族的产品进行夹持。拆卸操作单元和机器视觉系统也需要提高其可靠性。

参 考 文 献

[1] KERNBAUM S, FRANKE C, SELIGER G. Flat screen monitor disassembly and testing for remanufacturing [J]. International Journal of Sustainable Manufacturing, 2009, 1 (3): 347-360.

附录

附录 A 动作和状态变量

附表 A.1 感知动作和相应的状态变量

感 知 动 作	状 态 变 量	说　明
detectBackCover	backCoverLocation	定位后盖
detectPcbCover	pcbCoverLocation	定位 PCB 盖
detectPcb	pcbLocation	定位 PCB
detectCarrier	carrierLocation	定位托架
detectLcdModule	lcdModule	检查 LCD 模块是否存在
detectModel	Model	将示例的模型与知识库中的模型进行匹配
checkStateChange	stateChange	确定状态变化
measureZF	currentZF	测量 ZF
SenseHumanAssist	humanAssistOperation	获取人工辅助
checkCutting-Method	cuttingMethod	从机器人控制器中获取切割方法

附表 A.2 初始动作和相应的状态变量

种　类	初 始 动 作	状 态 变 量	说　明
初始切割操作	cutPoint	$loc(x,y,z)$ 和 m	切割点, 如螺钉
	cutLine	$line(x,y,x,y,z)$ 和 m	用切割方法 m 进行直线切割
	cutContour	$rect(x,y,x,y,z)$ 和 m	用切割方法 m 切割轮廓
	cutCorner	$rect(x,y,x,y,z)$ 和 m	用切割方法 m 切角
拆卸操作工具	flipTable	—	激活翻转台
	moveHome	—	移到机器人坐标系
	flagStateChange	stateChange	标记状态的起始状态以进行检查
定位行程, 也用于线和点	setProdCoordinate	$rect(x,y,x,y,z)$	为产品坐标系 $\{P\}$ 设置一个坐标变换
	offsetContourXY	$rect(x,y,x,y,z)$	偏移轮廓
	offsetContourDepth	$rect(x,y,x,y,z)$	垂直地偏移轮廓
	rectRoiIs	$rect(x,y,x,y,z)$	指定认知域
	rectCutLocationIs	$rect(x,y,x,y,z)$ 或 $box(x,y,x,y,z,z)$	指定切割位置

（续）

种　类	初始动作	状态变量	说　明
知识库	addSequencePlan	sequencePlan	向知识库添加规划
	recallDSP	—	从知识库撤回该规划
	feedCustomPlan	—	继续执行列表中的下一个工艺规划
	feedDspComponent	—	继续处理下一个组件
人工辅助	skipComponent	—	跳过当前组件
	newCompLocation	rect(x,y,x,y,z)	定位当前组件
	deactivate	—	停止人工示教
	All primitive cutting from(1)	Primitive geometry	在特定位置进行切割示教

附表 A.3　状态变量常数表

状　态	值/mm	状　态	值/mm
maxBackCoverDeepOffset	3	minIncrementDepth	1
maxPcbCoverDeepOffset	12	incrementDepth	2
maxPcbDeepOffset	12	maxIncrementDepth	3
maxCarrierDeepOffset	6	minZ	1
maxScrewDeepOffset	3	maxZ	80

附录 B　图形用户界面

　　用户通过图形用户界面（GUI）与系统交互，进行过程控制和学习过程的示教。GUI 的设计体现直观性和交互性，可使用户精确地示教命令和初始切割操作（附图 B.1 和附图 B.2），同时充分考虑到用户的 2D 和 3D 感知问题。GUI 是在 Visual Studio 2008 下用 C/C++ 开发和运行的，其由 5 个主要区域组成：图形显示区域、操作命令区域、配置区域、数据日志区域和过程控制区域。

　　图形显示区域：呈现工作过程中捕获的彩色图和深度图。检测完成后，可以在输入图像和输出图像之间进行切换。

　　操作命令区域：用户可利用此区域控制系统启动、暂停、停止等。此外，系统还能够以用户指定的五种操作模式中的一种来运行。但应该注意的是，其中只有 3 种模式可用，包括自动、手动和配置。自动模式下系统自动拆卸，在第 6 章的性能测试中使用了该模式。手动模式是在实际操作前对各个功能进行概念测试和初步测试，如视觉系统的检测。

　　配置区域：在配置模式下，用户可以根据校准目的对一些参数进行微调，如深度图像补偿。

　　数据日志区域：三个操作模块之间的数据流以文本形式显示在本控制台中，根据认知机器人模块的指令，大部分显示为动作和状态变量。以 ms 为单位的时间戳被用于数据记录中。控制台中的数据流直接随着处理过程的进行而写入文件。

　　操作命令区域：用户通过此区域发送命令。区域中可用的命令对应于感知动作和初始动作。每个命令都可以通过按下按钮来激活，方便用户正确输入。

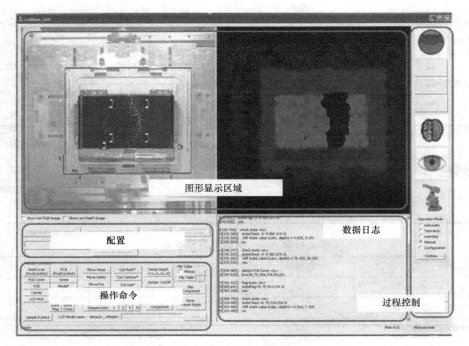

附图 B.1　图形用户界面

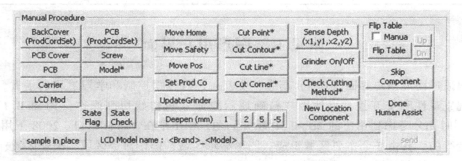

附图 B.2　图形用户界面操作命令区域